KB065532

융합으로 읽는 과학 이야기

상식 속, 상식 밖 사이언스

이 도서의 국립중앙도서관 출판예정도서목록(CIP)은 서지정보유통지원시스템 홈페이지 (http://seoji.nl.go.kr)와 국가자료공동목록시스템(http://www.nl.go.kr/kolisnet)에서 이용하실 수 있습니다.(CIP제어번호 : CIP2015027499)

상식 속, 상식 밖 사이언스

초판 1쇄 발행 | 2015년 10월 30일
초판 2쇄 발행 | 2017년 4월 25일

지은이 | 이원춘 · 전윤영 · 김경희
펴낸이 | 신혜영
펴낸곳 | 북&월드

본문 일러스트 | 지현도
디자인 | 최인경

신고 번호 | 제2017-000001호
주소 | 경기도 구리시 교문동 이문안로 51, 101동 104호
전화 | (031) 772-9087
팩스 | (031) 771-9087
이메일 | gochr@hanmail.net

ISBN 978-89-90370-73-0 03400

책 값은 뒷표지에 표기되어 있습니다.
파본은 구입하신 서점에서 교환해 드립니다.

융합으로 읽는 과학 이야기

우수
과학도서
2016 한국과학창의재단

상식 속,
상식 밖

사이언스

이원춘 · 전윤영 · 김경희 지음

Science

북&월드

차례

머리말 … 8

1 과학! — 늘 우리 곁에 있다

안경과 선글라스를 통해 보는세상 … 14

식탁 위 계란의 과학 … 22

개미 뒤꽁무니와 도라지꽃 … 30

속담 속에 숨어 있는과학 … 37

온도에 대한 흥미로운 질문 … 46

빙판이 미끄러운 이유, 아직 규명 못했다 … 52

고속도로 위의 피아노 … 58

pH와 우리 몸의 항상성 … 66

나노 기술로 성장하는 화장품 … 73

나의 변신은 무죄, 탄소 … 80

파마 속 과학 … 87

월동 필수품, 손난로 … 93

겨울철 도로 안전은 제설제가 … 99

더치 커피 한잔 속 과학 … 105

제로 에너지 하우스 … 112

'항아리 냉장고'를 아시나요? … 121

'온돌'에 담긴 조상의 지혜 … 129

대기 속에 숨어 있는 살인자, 미세 먼지 … 135

2 과학! ─ 상식 밖에서 찾다

'마른 하늘에 날벼락'으로 조상이 준 선물 … 144

세상이 뒤틀리는 과학 오개념 … 152

장자의 우화에서 찾아낸 노벨상 … 159

'쥐불놀이'에도 놀라운 과학이 … 166

스포츠에 숨어 있는 과학 원리 … 173

동물보다 더 적극적인 식물의 생존 전략 … 180

성장하고 움직이는 살아 있는 암석 … 186

'온난화 사과'를 기다리는 그린란드 사람들 … 191

홋카이도에 원숭이가 사는 까닭은? … 197

히말라야 산맥 깊은 협곡 속의 보물 … 203

'야한 생각'을 하면 머리카락이 빨리 자랄까? … 210

3 과학! — 즐거움으로 거듭나다

알면 과학! 모르면 마술! … 220

건전지와 호일로 불을 켜는 마술 … 227

애플 사이언스 … 235

물고기의 겨울나기 … 246

『침묵의 봄』이 전해주는 불편한 진실 … 254

공생형 인간, 호모 심비우스 … 262

일상의 재미 있는 친구, 과학 … 268

원소의 탄생과 진화 … 274

'조선은 천문학 연구 말라'는 중국의 명령을 거부했다 … 281

칼 세이건과 어린 시절의 꿈 … 287

별똥별과 동심 … 295

〈연가〉의 배경이 된 화산 호수 … 303

진화를 거듭해온 지구의 주인공 인류 … 309

화려한 지하 궁전으로의 초대 … 315

과학자들의 꿈! 노벨상 … 321

과학자들의 특성 — 도전과 몰입 그리고 윤리성 … 328

과학의 씨앗은 무엇일까? … 334

융합이라는 단어는 이 시대의 화두다. 기업에서 요구하는 인재상과 초·중·고등학교에서 추구하는 미래의 인재상 역시 인문학적 상상력과 과학기술 창조력을 갖춘 융합형 인재다. 따라서 최근의 학교 교육의 방향은 인문·사회·과학기술에 대한 기초 소양을 함양하고, 융·복합적 사고력과 통찰력을 겸비한 창의·융합형 인재 양성을 목표로 하고 있다.

이 책은 인문학을 공부하는 사람이나 과학을 공부하는 사람뿐 아니라, 그 누구라도 한 번 손에 잡으면 단숨에 읽어 내려갈 수 있는 상식 속 과학 이야기들이 생생한 체험을 통해 상식 밖의 과학 세상에서 화려하게 펼쳐지고 있다.

하늘의 별을 보고 천문학자를 꿈꾸었던 어린 시절의 이야기, 개미 뒤꽁무니를 입에 대보고 신기해하는 어린애가 도라지꽃을 붉게 물들였던 이야기, 비 내리는 날 마당에 흘러가는 빗물을 통해 삼각주를 경험하고 모래 속 철가루를 자기력으로 풀어간 이야기는 물론 파마의 역사와 원리, 커피에 담긴 과학과 문화 등 우리에게 친숙한 이야기를 통해 융합적인 사고를 기르기에 꼭 필요한 내용들이 흥미롭게 전개되고 있다.

자연은 신기하고 아름답다.

추운 겨울 눈 속에서도 원숭이가 살아갈 수 있는 이유, 히말라야 고산 지대 바위 틈새에서도 소금을 만들어 먹을 수 있는 이유, 상식으로 해결되는 이야기는 물론 자고나면 한 뼘씩 자라는 암석 등 상식 밖의 신비한 과학 이야기까지 우리가 살아가는 자연 속에 함께 존재하고 있다.

또한 과학은 놀이이고 이야기다.

과학적인 앎은 일상적인 지식과는 다르다. 과학적 앎이란 일상적 앎보다 정밀성과 신뢰성이 우수할 뿐 아니라, 전체를 한 눈에 내다볼 수 있는 '통합적 앎'을 의미한다. 따라서 어떤 사물이나 현상을 마주할 때 철학적 질문을 던져봄으로써 사색하고, 그 결과 통찰에 다다르게 되는 과학적 앎을 실천해보기를 희망한다. 물론 흥미로움이 가득한 놀이와 이야기로 배우는 통합적 앎은 이 시대와 미래를 살아가는 힘이 되며, 늘 우리 곁에 있는 과학을 통해 살아 있는 체험으로 공감해본다면 결국 융합적인 통찰력은 더욱 증가할 것이다.

우리의 일상이 모두 과학으로 뭉쳐 있음에도 불구하고 오랫동안 과학은 실험실이라는 울타리 안에서 일부 과학자들만의 고귀한 놀이였다. 하지만 요즘은 마술가도 과학을 하고, 우리의 주방에도 그리고 늘 사용하는 화장품 속에도 과학이 가득하다. 또 한편으로는, 과거의 과학은 자연을 탐구하고 미지의 세계를 파헤쳐가면서 우리에게 친숙하게 다가왔던 것에 비해 지금은 너무나 어렵고 고도화되어 과학 자체가 미지의 세계가 되어버린 느낌도 든다.

이렇듯 우리 곁에 친구처럼 가까이 있기도 하고 전문가들만 하는 어려운 분야로 느껴지기도 하는 과학에 대하여 이 책은 과학은 결코 멀리 있는 것이 아니고 늘 우리 곁에 있음을 경험하게 해줄 것이다.

뉴턴을 위대하게 만든 것은 과연 무엇이었을까?

그것은 '모르는 것'이다. 모르기에 그는 늘 알고자 하는 호기심으로 가득하였다. 모르는 것에 대한 리스트를 노트에 적어놓고 그 질문들을 통해 끊임없이 알고자 했기에 세상을 바꾸는 위대한 결과를 만들어냈던 것이 아닐까?

호기심이 가득한 사람이라면 누구나 경험했던 어린 시절의 이야기로부터 초·중·고 시절에 배우는 과학 내용은 물론 어른들도 경험하는 과학의 이야기가 들어 있는 이 책을 여행을 떠나는 가방 속이나 책상 위에, 또는 식탁이나 침대 위, 심지어 화장실에서도 만나기를 희망한다. 아마도 한편의 이야기가 시간의 흐름을 잠시 멈추게 할 수도 있으니까 그래서 위대해질 수 있으니까……

과학을 가르치는 교육자가 되기까지 꿈꾸고 경험했던 이야기는 물론 학생들과 생활하면서 새롭게 만났던 과학, 생활 속에서 보고 느꼈던 수많은 이야기, 그리고 아직도 질문인 채로 남아 있는 것들을 떠올리며 이 책을 집필하였다. 그동안 우리는 성장하였으며 이 소중한 성장을 독자와 함께 나눌 수 있는 기회를 가질 수 있음에 감사함을 느낀다.

더욱이 이 책을 읽는 독자들에게 스토리텔링, 융합, 통섭, 창의성, 모험, 몰입, 도전 등의 단어가 더 이상 낯설지 않게 느껴지며, 이 책을 통해 호기심, 의문, 질문 등의 단어가 친구처럼 한 발짝 더 다가갈 수 있기를 바란다. 또한 동심 속에서 키워왔던 과학자에 대한 꿈을 다시 떠올려보며, 과학이 과학의 날에만 반복되거나 최첨단 영화 〈인터스텔라〉에서만 있는 것이 아니라는 것을 함께 공감해주기를 기대한다.

과학을 읽고, 공부하고, 과학을 말하는 사람들에게 가슴이 따뜻한 이야기로 이 책이 남게 되기를 희망해본다.

2015년 더운 여름에
이원춘, 전윤영, 김경희

1

과학!—늘 우리 곁에 있다

안경과 선글라스를
통해 보는 세상

어느 날 내가 보는 세상이 너무나 흐리고 탁하게 보인다. 기분도 상쾌하지 않다. 안경점에 들러 안경을 닦고서 보니 이렇게 맑을 수가⋯⋯. 있는 그대로 세상이 보인다. 요즘 습기 많은 날 안경이나 선글라스를 쓴 사람들에게 안경이 흐려지거나 때가 잘 묻어 세상이 흐리게 보이는 현상이 자주 나타난다. 보통 안경이 흐려지는 현상을 김서림이라고 하는데, 따뜻한 공기가 포함하고 있는 습기(수증기)가 이슬점 이하의 물체에 부딪히면 수증기의 일부가 물방울이 되는 것이다. 즉 안경 표면의 온도가 낮아 안경 주변의 공기가 포함하고 있던 수증기의 일부가 물방울이 된 것이 바로 김서림이다. 공기는 그 속에 수증기를 포함하고 있는데, 온도가 높을수록 포함하는 양이 많아진다.

어떤 온도일 때의 공기 속에 포함할 수 있는 최대 수증기량을 포화 수증기라고 하며, 온도가 낮아지면 포화 수증기의 양도 줄어든다. 만약 10℃일 때 공기 속의 수증기 양이 $10g/m^3$이고 8℃에서는 포화 수증기 양(포화된 공기 $1m^3$ 속에 포함된 수증기 양)이 $7g/m^3$이라면 안경이 10℃에서 8℃로 온도가 변할 경우에 8℃를 이슬점 온도라 하고 $10g/m^3$ $-7g/m^3$ $=3g/m^3$의 수증기가 물방울로 맺히게 되는 것이다.

안경이 잘 보이지 않을 때 우리는 간단히 입김으로 불어 안경을 닦는다. 이런 습관은 좋지 않다. 왜냐하면 자주 닦다보면 안경에 달라붙은 먼지들이 닦는 천에 붙어 안경알을 함께 문지르게 되므로 안경알에 상처를 입히게 된다.

따라서 안경이나 선글라스를 안경 전문점이 아닌 집에서 간단히 닦는 방법은 수도꼭지에서 미지근한 물이 흐르도록 하고서 안경알을 흐르는 물에 닦는다. 이때 흔히 부엌에서 사용하는 주방세제를 손에 약간 묻혀서 안경알을 닦으면 아주 깨끗하게 사용할 수 있다. 특히 주방세제에는 계면 활성제가 있어서 안경이 흐려지는 것을 어느 정도 막아주기도 한다. 일상생활 속에서 흐리고 탁한 세상을 보게 되는 불편을 해소하고 투명한 세상을 본다면 기분 또한 상쾌해질 것이다.

안경은 언제, 누가 만들었을까?

이런 안경은 언제부터 사용되었을까? 안경은 누가 만들어 최초로

토모소 다 모데나, 〈위고 대주교의 초상화〉(1352)

사용하였으며, 어떻게 발달되었을까? 그 역사를 살펴보는 것도 흥미
로울 것이다.

대략 안경은 13세기 경에 만들어져 보급되었다는 것이 상식으로
알려져 있다. 그 근거는 1352년에 이탈리아의 화가 토모소 다 모데
나Tommoso da Modena(1325~1379)가 그린 〈위고 대주교의 초상화〉에
서 대주교가 안경을 사용하여 책을 보는 모습을 그렸기 때문이다.

이탈리아 피렌체 지방의 한 공동 묘지에 "피렌체에 살았던 안경 발
명자Salvino d'Armato degli Armati 여기 잠들다. 신이여 그를 용서하소서"
라고 새겨져 있는 비문을 통해 안경의 발명자에 대한 기록을 찾아볼
수 있다. 그러나 그가 실제로 최초의 안경 발명자인지는 확실하지 않
다. 다만 1300년 경 베네치아에서 '로이디 다 오그리Roidi da Ogli'라는
안경을 지칭하는 용어가 사용된 기록을 통해 이탈리아 피렌체 지방
을 중심으로 안경이 출현하여 사용되었음을 추측할 수 있다. 따라서
일반적으로 발명의 역사에서는 안경의 발명은 13세기 전후로 베네

치아의 유리공들이 개발했다는 기록을 따르고 있다.

1445년에 독일의 발명가 구텐베르크에 의해 금속 활자가 발명되고, 1450년에 『구텐베르크 성서』를 찍어내면서 인쇄술의 혁명에 의해 성서는 물론 많은 서적들이 출판되었고, 책의 수요는 폭발적으로 늘어났다. 이에 따라 사람들은 이러한 출판물들을 읽고서 정보를 얻기 위해 안경을 찾게 되고 생활 필수품이 되어 확산된 것이라 할 수 있다. 즉 인쇄의 역사와 책의 역사와 안경의 역사가 묘하게 얽혀 서로 발달되어 지금의 시대가 된 것이다.

눈을 많이 사용하는 사람들에게 이제는 생활 속의 필수품이 되어 버린 안경!

어떻게 하면 깨끗하게 사용할 수 있는지, 그리고 어떻게 발달되어 왔는지 과학적인 상식을 알고 있으면 사람들은 좀 더 편리하고 과학적인 삶을 살아갈 수 있다.

안경의 원리와 3D 안경

이러한 안경은 눈을 통해 빛이 들어와 상이 맺히고(빛→각막→망막) 그 물체를 인식하게 되는 과정에서 문제가 발생하므로 사용하게 되는데, 각막을 지나간 빛의 굴절이 고르지 않아서 망막에 제대로 상이 맺히지 못하는 경우이다. 이러한 문제를 해결하기 위해 보통 원시는 볼록 렌즈로, 근시는 오목 렌즈로, 난시는 난시용 렌즈로

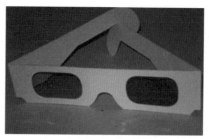

영화관에서 사용하는 편광 안경. 편광판을 이용해 한쪽 방향으로만 진동하는 빛을 걸러낸다.

교정한다.

안경에 얽힌 이야기 속으로 빠져들다보니 무엇보다도 더욱 궁금한 것이 있다. 바로 3D 안경이다. 2009년에 개봉되어 대한민국을 비롯하여 전 세계 역대 흥행 1위를 기록한 제임스 카메론 감독의 영화 〈아바타〉를 볼 때 사용한 3D 안경은 어떻게 만들어지는가에 대한 질문이다.

3D 안경의 원리는 바로 우리 눈이 갖고 있는 입체시와 편광 렌즈의 원리를 이용한 것이다. 인간은 사물을 볼 때 각각 다른 위치에 있는 두 개의 눈을 통해 물체를 본다. 각도가 다른 영상 2개를 받은 대뇌는 이를 하나의 영상으로 인식하여 결국 입체적으로 느끼게 된다.

한쪽 눈을 감고 물체를 바라보면 원근감이 사라지면서 보이지 않는 부분이 생긴다. 그러나 두 눈을 뜨고 바라보면 원근감은 물론, 보이지 않았던 물체의 이면까지 모두 보이게 된다.

3D 영화는 두 개의 카메라를 이용해 두 가지 영상을 만들도록 제작한 것이다. 우리 눈이 바라보는 것처럼 방향을 다르게 하여 제작한

영상을 믹싱mixing하여 영사기를 통해 보여주는 것이다.

이 영화를 그냥 맨 눈으로 보면 초점이 덜 맞추어진 약간 이중적인 화면으로 보이는데, 3D 안경을 통해 보면 완전한 입체의 화면으로 볼 수 있게 된다.

그렇다면 이 특수 제작된 안경은 어떻게 만들까?

우리는 먼저 빛과 편광에 대하여 알아야 한다.

빛은 입자이면서도 파동의 성질을 갖고 있다. 그 중 파동적인 측면에서 보면 전자기파의 여러 종류 중에서 일반적으로 가시광선을 사람들은 빛으로 느끼고 있는데, 파도가 치는 것처럼 진행하는 횡파의 성질을 갖는다(파동은 에너지가 전달되어가는 현상이며, 횡파와 종파가 있다).

빛의 편광 현상이 가능한 것은 횡파라는 특성 때문이며, 그 특성을 이용해 3D 안경을 만들게 된다. 편광 렌즈, 편광 필터 등은 바로 자연광을 편광으로 바꾸어주는 역할을 하는 것이고, 편광 렌즈가 장착된 안경을 3D 안경이라 한다.

편광 렌즈가 장착된 특수 안경은 양쪽 안경알 모두 편광 렌즈로 이루어져 있다. 이 안경은 지면이나 수면에서 반사된 빛을 거르는 선글라스나 고글처럼 편광축이 모두 한 방향인 세로로 되어 있지 않고 한쪽은 가로, 한쪽은 세로로 되도록 만들었다.

3D 영화관은 일반 영화관과 달리 영사기가 두 개 있다. 한쪽은 가로로만 진동하는 빛을 쏘고, 다른 한쪽은 세로로만 진동하는 빛을 쏘아 각각의 빛이 3D 안경을 통해 서로 양쪽 눈에 분리되어 들어가도

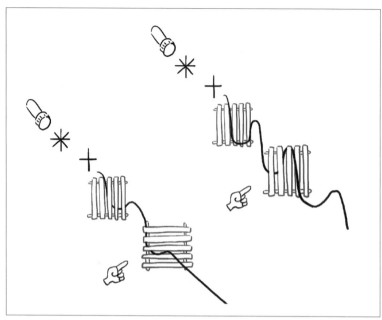

자연광은 파동으로서 진행 방향에 수직한 모든 방향으로 진동하는데, 모든 방향으로 진동하는 빛을 인위적으로 진행 방향과 수직한 어느 한 방향으로만 통과하도록 걸러주어 진동하는 빛을 편광이라 한다.

록 한다. 이렇게 분리되어 들어가는 빛을 뇌에서 마치 입체를 바라보는 듯이 인식하는 착시 현상이 바로 3D 영화이며, 3D 안경 없이는 생생한 입체 영화를 볼 수 없다.

과학은 기술, 산업, 문화를 바꾼다

이제는 3D 안경과 3D 영화를 넘어 4D와 5D를 추구한다. 4D는 입체적인 영화 화면에 좌석의 움직임, 냄새, 진동 시각 이외에도 촉각, 후각적인 자극을 주는 것을 말한다. 그리고 5D는 3D와 4D를 뛰어넘어 관객의 의자나 극장의 바닥이 실제로 움직이는 느낌을 주는 인터엑티브 시네마 솔루션을 추구하는 것이다.

알면 알수록 끝이 없는 과학의 세계! 사막에 차가 한 번 지나가고 두 번 세 번 지나가다보면 길이 생겨나듯이 어느 새 과학 속으로 빠져드는 마음에는 흥미도 있을 수 있고 골치가 아플 수도 있는 설렘의 과학이 자리 잡게 되는 것이다.

과학의 길을 마음속에 만들어보자.

식탁 위
계란의 과학

    한동안 어느 침대 회사의 광고에서 "침대는 가구가 아닙니다. 침대는 과학입니다."라고 한 멘트가 초등학생의 일반 상식 시험 문제의 정답률에 영향을 주었다는 에피소드는 꽤나 널리 알려진 이야기다. 그러나 "요리는 과학이다." 또는 "수업은 과학이다."라는 말처럼 "침대는 과학이다."라는 말도 그 나름대로 숨겨진 의미가 있는 것이고, 비슷한 문장으로서 우리의 식탁이나 일상에서 흔히 볼 수 있는 계란을 통해 "계란은 과학이다."라는 말을 만들어볼 수도 있을 것이다. "계란은 과학이다." 과연 그 속에는 어떤 이야기가 숨어 있을까? 숨어 있는 과학 이야기를 탐구해보는 것은 참으로 흥미로운 일이다.

    '계란에 얽힌 이야기' 하면 많은 사람들이 콜럼버스를 떠올린다. 1492년 어느 날 콜럼버스는 아메리카 대륙을 발견하고서 돌아와 추

한쪽 모서리가 깨진 상태로   삶은 계란을 돌리는 모습   회전하면서 일어선 모습
세워진 계란

기경이 주최한 환영 만찬에 참석했는데, 그의 업적을 시기하는 일부 사람들이 "당신이 아니더라도 누군가는 발견했을 것이다." 하며 무시할 때 콜럼부스는 계란을 가져오게 한 뒤 사람들에게 그 계란을 식탁 위에 세워보라고 했다. 아무도 세우지 못하자 콜럼부스가 계란의 한쪽 모서리를 깨서 식탁 위에 세웠다는 일화가 있다.(이탈리아 지롤라모 벤조니Girolamo Benzoni의 『신세계의 역사A History of New World』, 1565년)

이러한 이야기의 의미는 발상의 전환이 얼마나 중요한지와 쉬운 것처럼 보이는 일이지만 처음 개척하는 것이야말로 그 가치를 인정해야 한다는 뜻이기도 하고, 역사적으로 계란에 관심을 갖게 하였던 과학적 접근이라고도 볼 수 있다.

그래서 필자는 그때 사용하였던 계란이 날계란인지 삶은 계란인지 궁금하기도 하고, 만약 삶은 계란이었다면 깨뜨리지 않는 다른 방법, 즉 회전시키면 세울 수 있었을 텐데……라고 생각을 해본다.

대략 그로부터 약 300년 정도 지난 1700년대 중반에 사람들은 삶은 계란을 눕혀서 돌리면 돌던 계란이 똑바로 일어서는 신기한 현상을 발견하게 된다. 아마도 삶은 계란을 먹기 전에 수평인 식탁 위에서 장난삼아 돌렸을 것이고, 계란이 회전하면서 일어서는 현상이야말로 사람들을 놀라게 하였을 것이라 추측해본다. 그리고 이러한 현상은 콜럼부스가 하지 못한 것을 하게 된 것이라는 재미를 더하여 퍼져나갔을 것이고, 당시 과학자들은 삶은 달걀이 회전하면서 왜 일어서는 것일까를 연구하기 시작했을 것이다. 그런데 의외로 이 연구는 수많은 과학자들을 괴롭혔다. 그렇게 쉽게 풀리지 않았고 무려 300년이나 지속되었으며 이름하여 '삶은 계란의 패러독스'라고까지 불렀다. 즉 모든 물체는 중력의 영향을 받아 위치 에너지가 아래로 향하는데, 삶은 계란만이 회전하는 동안 위치 에너지가 위로 올라간다는 해석이다. 도저히 이해가 가지 않는 것이다.

그러나 끊임없이 도전하는 과학자와 수학자들에 의해 난공불락처럼 여겨졌던 삶은 계란의 패러독스도 2002년에 영국의 켐브리지대학 모파트H. K. Moffat 교수와 일본의 게이오대학 시모무라Y. Shimomura 교수에 의해 풀리게 되었고, 세계적인 과학 저널 『네이처』에 그 이야기가 실렸으며(3월 28일), 당시 사람들은 유행처럼 계란 돌리기에 열중하기도 했다.

회전하는 삶은 달걀이 왜 일어설까?

우선 계란이 타원형이기 때문이다. 또한 삶은 달걀은 내용물이 응고되어 껍질과 하나로 붙어 있는 상태, 즉 강체이기 때문이다. 그리고 바닥면과의 마찰력 때문에 일어설 수 있다. 날달걀은 속의 내용물이 유체 상태이기 때문에 회전할 때 양쪽으로 몰리면서 운동 에너지를 감소시키므로 일어서지 못하는 것이고, 식탁 위에 마찰력을 줄이기 위해 기름을 얇게 바른 뒤에 삶은 달걀을 돌리면 일어서지 않는다. 좀 더 물리적으로 그 원인을 분석하는 것이 아직 남아 있지만 이 정도에서 계란의 과학에 대한 의문을 가진 채로 이처럼 일어서는 다른 물체가 또 있을까 생각해보자. 아마 바둑돌은 어떨까? 또 다른 물체는 무엇일까?

후라이, 계란찜, 계란말이, 스크램블 에그, 계란 오믈렛 등등 계란 요리는 다양하지만 우리는 고전스럽게 콜럼부스가 살았던 1492년, 뉴턴이 살았던 1700년대 초, 또는 모파트와 시모무라 교수가 수없이 삶은 계란을 돌려보며 해답을 찾아 환호성을 질렀을 2002년으로 되돌아가 삶은 계란을 식탁 위에 올려놓고서 하나는 모서리를 깨어 세워보고 또 하나는 돌려보면서 일어서는 현상을 통해 감탄하고, 그 원리가 무엇인지 알아본 뒤에 껍질을 벗겨 먹으며 역사 이야기 속에 빠져보는 것은 어떨까? 그야말로 온 가족이 맞이하는 저녁시간은 과학으로 가득한 낭만이기도 할 것이다.

이런 가족의 식탁에서 호기심 많은 아이들은 계란의 과학에 대하여 어른들에게 더 알고 싶은 질문을 하는 것은 당연하다.

가령 계란의 흰자위와 노른자위의 위치를 바꿀 수는 없을까? 삶은 계란을 입구가 작은 병속에 집어넣을 수 있을까? 또는 계란을 삶을 때 보통 노른자위가 덜 익은 반숙 계란을 먹어본 적은 있는데, 그 반대로 노른자위는 잘 익고 흰자위가 반숙이 되도록 삶는 방법은 없을까? 어쩌면 이렇게 터무니없는 질문을 던지는 경우가 있다. 그러나 이런 질문이 가득한 자녀를 두신 부모님들은 장차 훌륭한 과학자가 탄생되는 꿈에 부풀어올라도 괜찮을 것이다.

왜냐하면 이런 엉뚱한 질문처럼 보이는 것도 모두 과학의 원리로 가능하기 때문이다.

흰자위와 노른자위 위치가 바뀔 수 있을까?

어떻게 가능할까?

먼저 달걀의 흰자위와 노른자위의 위치를 바꾸어보자.

스타킹과 날달걀을 준비하고서 긴 스타킹 중간쯤에 달걀을 넣고 (계란이 움직이지 않도록 양쪽을 고무줄로 묶어주는 것은 필수) 양쪽 손으로 끝 부분을 잡고 한 방향으로 일정한 속도로 줄넘기 하는 것처럼 돌려주면 약 10분 정도 뒤에 찰랑 소리가 난다. 이때 멈추지 말고 두 번 더 찰랑 소리가 들리도록 끈기 있게 돌린다. 그런 다음에 가스렌지 위에 올려놓은 물 넣은 냄비에 넣어 가열한다. 약 7분 쯤 가열한 뒤에 삶은 달걀을 꺼내 껍질을 벗기면 눈으로 보고도 믿기지 않는, 겉은 노랗고 속은 하얀 황금 달걀이 나타나게 된다.

맛을 보면 원래 퍽퍽하던 노른자위가 덜 퍽퍽해진 느낌이다.

어떤 원리일까?

스타킹 속에 넣고 돌리면 점성이 상대적으로 흰자위보다 약한 노른자위는 바깥으로 나오고 흰자위는 안쪽으로 모인다. 즉 스타킹에 넣고 돌릴 때 밀도가 서로 다른 흰자위와 노른자위가 각각 다른 크기의 원심력을 받게 되며, 이때 점성이 낮은 노른자위는 쉽게 움직일 수가 있어서 바깥쪽으로 밀려나게 되고 점성이 높은 흰자위는 안쪽으로 뭉치게 되는 것이다.

노른자위가 익고 흰자위는 약간 덜 익는 반숙을 어떻게 만들까?

노른자위의 변성 온도는 68℃이고, 흰자위의 변성 온도는 80℃ 정도이다. 이 온도 변화를 어떻게 이용할까?

온도계를 준비하고 냄비 속의 물을 가열할 때 약 70℃ 정도의 온도를 계속 유지하면서 오랫동안 계란을 삶는다면 흰자위는 익지 않고 노른자위만 익는 반숙을 맛볼 수 있다.

물론 껍질을 벗겨 먹기가 다소 불편하지만 색다른 맛을 즐길 수 있다. 우리의 호기심을 해결해보는 탐구 실험이야말로 희열을 만끽하는 최고의 순간을 만들 수 있는 것이다.

흰자위와 노른자위가 바뀐 삶은 달걀

보통 흰자위가 익고 노른자위가 나중에 익는 이유는 물이 끓는 100℃에서 익히기 때문인데, 이렇게 하면 노른자위와 흰자위 모두 변성될 수 있는 온도이고, 그럴 때 바깥쪽에 있는 흰자위가 더 열을 잘 받기 때문에 흰자위부터 익는 것이고 가열 시간이 5~6분 정도면 흰자위만 잘 익은 반숙 계란을 먹게 되는 것이다.

병 속으로 계란을 넣어보자

마지막으로 좁은 입구의 병 속으로 삶은 계란을 쏙 들어가게 하는 방법은 아마 중학생 정도면 대부분 해보거나 인터넷에서 동영상을 보았을 것이다. 부모님이 모를 수 있으므로 학생이라면 자신감을 갖고 가족들에게 보여줄 수 있다.

작은 음료수 병과 성냥을 준비하고 식탁 위에 껍질을 벗긴 삶은 계란을 놓은 다음에 성냥개비에 불을 붙여 병 속에 조심스럽게 넣는다. 넣은 뒤에 곧바로 매끄럽게 벗긴 삶은 계란을 병 입구에 올려 놓으면 잠시 병에서 성냥이 타다가 꺼지면서 도저히 들어갈 수 없

을 것처럼 보이던 계란이 순식간에 쏙~ 뽕 소리를 내면서 병 속으로 들어가버린다.

어떻게 이런 일이……. 바로 이때 학생들은 부모님께 과학의 원리를……설명해드리면 된다.

병 속에서 성냥개비가 타면서 병 속의 산소를 태워버리면 병 내부 공기의 압력이 낮아지게 되어 상대적으로 병 바깥 공기의 압력이 크기 때문에 압력차에 의해 계란이 병 속으로 빨려 들어가게 된다.

아! 이렇게 식탁 위에서 가족과 함께 계란의 과학을 탐구해보는 것은 부모들은 자녀에게 감동하고, 자녀들은 부모에게 질문하며 함께 지성적 사랑과 행복이 가득한 시간을 갖게 할 것이다.

개미 뒤꽁무니와
도라지꽃

초등학교 과학 시간에 산성 물질은 파란 리트머스 용지를 빨갛게 변화시키고 알칼리성 물질은 빨간 리트머스 용지를 파랗게 변화시킨다고 배운다. 그래서 많은 어린이들은 '산파빨'이라고 외우고 또 외우는데, 외우는 과학 공부는 어린이들에게 과학에 대한 흥미와 호기심을 자극하지는 못한다.

그러나 시골에서 초등학교를 보내며 살았던 사람들은 필자와 같은 경험을 통하여 과학에 대한 흥미와 호기심으로 가득한 어린 시절을 보낸 적이 있을 것이다.

시골 초등학교에 다닐 때 자연(과학) 시간이었다. 산성과 알칼리성을 공부하면서 산성은 신맛이 나고, 알칼리성은 쓴맛이 나며 미끌거린다는 특징을 선생님께서 설명해주시고, 이어서 리트머스 시험지를 이용해 색깔 변화를 보고도 구분할 수 있다는 말씀을 하셨다.

그리고 곧바로 리트머스 시험지를 사용하여 실험을 하였다. 산성 물질, 아마 기억으로는 식초였던 것 같았다. 그 산성 물질을 파란 리트머스 시험지에 한 방울 떨어뜨렸다. 그런데 아주 신기하게도 빨간색으로 변하는 것이 아닌가?

너무나 신기하였고 선생님께서 마술을 부리는 것 같았으며 나도 한 번 해보고 싶어서 선생님께 리트머스 시험지를 달라고 했더니 시험지가 없다고 하였다. 실망이었지만! 그 당시 리트머스 시험지는 학생들이 지금처럼 부담 없이 실험해볼 만큼 충분하지 못했을 것이다.

자연은 온통 실험실이다

그러나 내내 리트머스 시험지 생각은 사라지지 않았으며 호기심 가득한 채 집으로 돌아오는 길에 개미와 놀던 때를 생각하였다. 마당이나 들판에 앉아 놀면서 흙덩이에 작게 난 구멍으로 개미가 들락거리는 것을 보기도 하고, 개미를 괴롭히기도 하고 또한 음식가루를 뿌려주기도 하면서 큰 개미를 잡아 뒤꽁무니를 입에 대본 적이 있는데 아주 시큼하였다. 그것은 개미산으로 식초만큼 산성이 강하다. 순간 그 개미 꽁무니의 시큼한 맛을 떠올렸고 아마 신맛이니까 학교에서 실험한 물질과 똑같을 것이라 생각하였으며, 길가의 땅바닥에서 쉽게 개미를 잡아 다시 뒤꽁무니를 입에 대보았다. 역시 신맛이다. 그

개미의 뒤꽁무니에서 포름산이 나온다.

개미를 손에 들고 집에 도착하여 대문으로 들어서면서 마당 한 모퉁이에 활짝 핀 파란색에 가까운 청보라색 도라지 꽃잎을 발견하고 그곳에 대보았다.

아! 이게 웬 일인가?

학교에서 선생님이 보여준 것처럼, 리트머스 종이처럼 청보라색 도라지 꽃잎이 빨갛게 변하는 게 아닌가. 이 얼마나 신기한 일인가.

리트머스 시험지 대신에 도라지 꽃잎을, 그리고 식초 대신에 개미 뒤꽁무니에서 나오는 물질, 시약이 없어도 리트머스 용지가 없어도 실험을 할 수 있다니. 자연이 곧 실험실이다. 지금 돌이켜보니, 그 시절 필자는 자연 속에서 산성 물질의 특성을 제대로 공부한 셈이다.

개미의 뒤꽁무니에서 분비되는 물질은 포름산(개미산)으로 식초만큼 산성이 강한 물질인데, 이 포름산 성분이 도라지꽃에 있는 안토시아닌이란 색소와 만나면서 일어난 화학 반응이라는 사실을 알게 된 것은 한참 뒤의 일이다.

자유 학기제 체험 수업은 바로 이런 것

잊혀지지 않는 그 경험은 지금도 생생하여 성묘 길에 가족들과 함께 다시 한 번 시도해보았다. 이런 경험을 갖고 있었기에 지금도 필자는 호기심 가득한 어린이의 마음으로 학생들을 가르치고 있는 것 같다. 그때의 추억, 그 환희! 자연 속에서 찾아낸 과학 원리! 영원히 잊지 못하는 경험이다.

최근 어느 중학교의 자유 학기제 체험 수업에서 학생들이 학교 뒷산에 올라 개미를 잡아서 뒤꽁무니 맛을 보고, 도라지꽃을 찾아 선생님과 함께 실험을 하려고 했지만 도라지꽃이 없어서 실망한 채로 그냥 산을 내려오고 있었다. 그런데 한 학생이 청보라색 나팔꽃이 몇 송이 피어 있는 것을 발견하고서 그 꽃잎에 개미 뒤꽁무니를 대어보는 순간 선명하게 빨간색으로 변하는 것을 찾아냈다고 한다.

같이 갔던 학생들이 크게 감동하였고, 너도 나도 신기해서 도대체 왜? 도라지꽃이나 나팔꽃의 색이 변하는지 궁금해 했고 학생들은 조를 편성하여 그 이유를 탐구하게 되었다고 한다.

결국 학생들은 식물에 들어 있는 안토시아닌 때문에 청색을 약간 띠는 어떤 꽃잎이든 빨간색의 빛으로 변한다는 사실을 실험을 통해 찾아내어 프로젝트 학습 발표 대회에서 우수한 결과를 얻었다는 사례가 있다. 시골의 자연 속에서 뛰어노는 어린이들이 더 많이 경험할 수 있는 이와 같은 사례는 자연에 대한 사랑뿐 아니라 자연과 더불어 더 멋지게 과학을 공부할 수 있는 방법이기도 하다.

노벨 물리학상 수상자 리처드 파인만은 아버지와 함께 숲 속에서 새들의 이름과 새들의 노래 소리, 날개를 퍼덕이며 날아오르는 모양, 새들의 마음까지도⋯⋯자연과 더불어 학습하면서 흥미를 느끼고 감동하였다고 한다.

비오는 날 마당에서 과학과 지리 공부를

자연과 함께 배우는 과학의 원리! 그것이 진정으로 과학의 멋을 찾는 것이 아닐까?

도시에 사는 부모님들께서는 아이들과 함께 야외로 나가거나 가족 주말 농장에 가면 '도라지 꽃잎과 개미 뒤꽁무니 실험' 한 번 쯤 해보시면 어떨까요?

도라지꽃이 피어 있는 밭이나 꽃동산을 찾아 도라지꽃 속에 개미를 넣고 꽃잎을 오므린 뒤에 좌우로 흔들면 선연한 보라색의 도라지꽃이 마치 마술처럼 차츰 고운 분홍빛으로 변한다. 누구의 도라지꽃이 더 빨갛고 더 빨리 변하는지 내기하면서 노는 모습을 보는 부모들은 자연의 신비함을 새삼 느끼게 될 것이다.

자연 속에는 비단 이것만이 아니다. 비 오는 날에 마당의 어느 모퉁이에 가면 약간 경사진 곳으로 빗물이 흘러가면서 생기는 미니 삼각주를 볼 수 있다. 가만히 살펴보면 삼각주가 생기는 살아 있는 지리 공부를 할 수 있고, 삼각주가 생기는 모래 위에는 까만색 가루가 보이

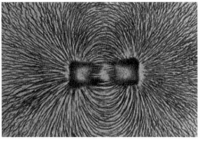

자석에 붙은 철가루 모양과 막대자석에서 자기력선모양의 철가루

는데 이것은 쇳가루이다. 자석이 있다면 쇳가루만 모래에서 분리해

낼 수 있으며, 쇳가루를 종이 위에 모아놓은 뒤에 종이 아래에 자석

을 대어보면 실처럼 가늘게 타원처럼 철가루가 배열된다. 바로 이것

을 통해 자기력선의 모양을 눈으로 확인하게 되는 것이다.

　일반적으로 사람들은 자석에는 N극과 S극이 있으며, N극과 N극

또는 S극과 S극 사이에는 척력이 작용하고, N극과 S극 사이에는 인

력이 작용한다는 부분적인 지식 정도는 알고 있다. 여기에 더하여 쇳

가루 모양이 왜 그렇게 되는지를 좀 더 물리적으로 자세히 설명해

보자. 자석이 있는 곳에는 자석의 N극에서 나와 S극으로 들어가는

자기장이 형성된다. 이러한 자기장이 형성된 영역 안에서는 자기력

이 작용하여 클립, 철가루, 못 등이 자석에 달라붙게 되는 것이고, 둥

그런 타원형의 철가루 모양은 자기력이라는 힘이 작용하는 상태, 즉

자기력선의 모양대로 철가루가 붙어 있는 모양을 나타내고 있는 것

이다.

　이렇듯 자연은 온통 실험실이다. 자연의 원리나 현상을 탐구하기

위해 실험실을 만들어놓고 실험하는 것이지만 실험실 문턱이 높으니

오히려 자연으로 돌아가서 자연 속에서 실험하는 것이야말로 과학의 원리를 훨씬 더 잘 터득할 수 있고, 감성이 풍부한 인성도 가슴에 품을 수 있는 효과를 얻을 수 있다. 사람들은 자연과 친해져야만 한다.

속담 속에
숨어 있는 과학

    옛날부터 말로 전해온 풍자·비판·교훈 등을 간직한 짧은 구절을 '속담'이라 한다. 속담은 기능에 따라 비판적 속담, 교훈적 속담, 경험적 속담, 유희적 속담 등으로 나눌 수 있다. 이 중 특히 경험적 속담은 생활을 하면서 체득한 생활의 지혜가 숨어 있으며, 오랜 세월 구전과 기록을 통하여 더해지고 변형되면서 현재 우리에게 전해져 오고 있다(서정주,『속담 대사전』). 특히 속담은 일상생활 속에서 사람들의 입에 오르내리다보니 여러 사람의 생활관이 반영되고, 다양한 경험적 과학 지식이 포함되는 것이 특징이다. 속담의 지은이가 의도적으로 또는 자신도 모르게 과학적 개념을 포함시켜 속담을 전달하게 되고, 속담 속에 숨어 있는 많은 과학적인 개념들은 사람들의 경험을 통해 형성된 것이다. 그래서 수업 시간의 이론적인 과학 학습

보다는 속담을 곁들인 과학 이야기가 훨씬 더 쉽게 직관적으로 사람들에게 전달된다.

또한 속담 속에는 선조들의 생활 과학에 대한 생각이 깃들어 있으며, 과학적인 것도 있지만 과학에 대한 오개념을 포함한 것도 많다. 과학이 숨어 있는 속담은 그것에 대한 과학적인 내용을 분석하고, 잘못된 과학 개념을 담고 있는 속담이라면 그것을 바로잡는 연구가 필요하며, 국어와 과학이 융합되고 발전되는 가치있는 연구가 될 것이다. 필자는 한림대학교의 지원을 받아서 2002년도에 '속담과 과학'이라는 연구를 추진하였는데, 당시 조사에 의하면 날씨를 제외한 속담 중 과학적인 원리가 담겨 있는 속담은 약 200여 개 정도로 확인한 바 있다.

예를 들면 "낮 말은 새가 듣고 밤 말은 쥐가 듣는다."라는 속담은 "입 밖으로 내뱉은 말은 어찌됐건 다른 사람 귀에 들어가게 마련이니 입단속을 철저히 하라."는 삶의 지혜로 씌어왔다. 이런 지혜의 말에 대한 근거를 과학적으로 분석해보면 '소리의 퍼짐'에 관한 과학적 원리가 신기할 정도로 꼭 들어맞는다.

낮 말은 새가 듣고 밤 말은 쥐가 듣는

소리는 파동이며 종파로서, 한 매질에서 다른 매질 속으로 진행할 때 속력의 차에 의해 굴절하게 된다. 낮과 밤의 지표면과 상층 대기의 밀도가 다르므로 소리의 속력이 달라지는데, 햇빛이 강한 낮에는 대기가 상층으로 올라갈수록 온도가 낮고 음속이 느리기 때문에 지표면 가까이 있는 음원에서 나온 소리는 굴절하여 위쪽으로 휘어지게 된다. 즉 따뜻한 공기 중에서는 분자들이 더 빨리 이동하므로 음파가 전달되는 데 걸리는 시간이 짧아지므로 기온이 높은 낮에는 지표면의 소리가 빨리 퍼지면서 위로 굴절되며, 그래서 공중에 있는 새가 들을 수 있다. 하지만 밤에는 지표면의 기온이 낮고, 상층으로 올라갈수록 기온 높아지므로 사람이 말한 소리는 지표면을 향해 구부러져서 멀리까지 전파되기에 땅에서 기어다니는 쥐들이 더 잘 들을 수 있는 것이다.

이 얼마나 기막힌 과학인가? 언제부터 만들어진 속담인지 모르지만 이렇게 과학 원리와 쏙 들어맞는 것일까? 우리 조상들의 과학적인 삶에 감탄사가 절로 나온다.

한편 낮이라도 대기 속에 온도의 역전층이 생기는 조용한 겨울의 이른 아침에는 역시 지표면을 향해 소리가 구부러져서 나아가게 되는 현상이 나타나므로, 낮 말이라도 쥐가 들을 수 있기에 이 속담이 자연 현상을 모두 잘 표현하지는 못한다.

허물은 덮어주고 칭찬은 자주 하라

요즈음은 소리가 단순히 공기를 타고 퍼지지만은 않는다. 여러 가지 첨단 기기들을 활용한 소리의 전달이나, 특히 SNS를 통한 소문의 확산 및 소식의 전달은 지구 전체가 한 방 안에서 속삭이는 시간만큼이나 빠르다. 따라서 원하지 않는 상대에게까지 전달되는 말은 처음부터 입 밖에 내지 않는 입조심이 필수인 듯하다.

국민 MC라고 부르는 '유재석의 소통' 9가지 중에 이런 말이 있다. '앞'에서 할 수 없는 말이라면 '뒤'에서도 하지 마라. '앞에서 할 수 있는 말인가 아닌가'는 뒷담화인가 아닌가의 좋은 기준이다. 칭찬에 발이 달렸다면 험담에는 날개가 달려 있으니, 상대가 앞에 없더라도 허물은 덮어주고 칭찬은 자주 하라.

그렇다. 과학을 공부하는 사람들은 함께 연구하는 동료들과 자연의 법칙을 찾아내는 숭고한 일을 하는 것이다. 서로 칭찬하고 격려하는 협업을 통해 커다란 업적이 나오게 된다.

여러 가지 과학적인 속담

이외에도 재미있는 속담 중에는 "가는 정이 있어야 오는 정이 있다.", "가는 말이 고와야 오는 말이 곱다."라는 말이 있고, 이것은 자기가 먼저 남에게 잘 대해주어야 남도 자기에게 잘 대해준다는 말이면서도, 과학으로 풀어보면 어떤 물체에 힘을 줄 때 힘을 받는 물체와 힘을 주는 물체 사이에 서로 크기는 같고 방향이 반대인 힘을 나타내는 뉴턴 운동 제3법칙(작용과 반작용의 법칙)에 너무나 꼭 들어맞는다. 즉 힘은 단독으로 작용하지 않고 상호작용을 한다는 과학 원리가 숨어 있는 것이다.

이에 비해 하나의 물체에 같은 크기의 두 힘이 작용할 때 두 힘의 작용점이 그 물체 내에 있는 힘은 서로 더하여 합력, 즉 알짜힘(과학에서는 두 개 이상의 여러 개의 힘이 한 물체에 작용할 때 모두 더하거나 뺀 후 최종적으로 어느 한 방향으로 작용하는 힘을 알짜힘이라는 용어로 표현한다.)이 제로(0)가 되어 그 물체가 움직이지 않게 되는 경우는 두 힘의 평형 관계라 한다.

힘의 크기가 같고 방향이 반대이며 일직선상에 작용하는 두 힘의 관계를 나타내는 것이 결국 '작용과 반작용의 법칙'과 '두 힘의 평형 관계' 두 가지이다. 다만 두 힘이 작용하는 작용점이 각각 다른 물체에 있으면 작용 · 반작용의 관계이고, 두 힘의 작용점이 하나의 물체 내에 있으면 두 힘의 평형 관계이다. 혼동하는 경우가 많아 과학 교사들은 학생들에게 단단히 강조하는 내용이다.

요즈음은 하도 세상이 험하다보니 "가는 말이 거칠어야 오는 말이 순하다."라는 말로 변한 속담이 퍼지고 있다. 사람들은 서로에게 정을 주고 상대방과 공감하고 내가 먼저 상대방을 이해하며 따뜻한 말을 하는 속담 본래의 뜻을 살리는 인간관계가 되었으면 좋겠다.

이처럼 재미있는 속담은 줄줄이 이어진다. "한 번 엎질러진 물은 주어 담을 수 없다."라는 속담은 질서에서 무질서로 자연이 흘러가는 엔트로피를 나타내는 열역학 제2법칙의 원리가, "낙수 물이 댓돌 뚫는다."는 중력의 법칙이, "모로 가도 서울만 가면 된다."는 속담은 위치의 변화를 나타내는 변위를, "콩 심은 데 콩 나고 팥 심은 데 팥 난

다."는 유전, "등잔 밑이 어둡다."는 말은 빛의 직진과 그림자를, "중매
는 잘 하면 술이 석 잔이고 못하면 뺨이 석 대다."라는 말은 화학에서
두 물질이 결합할 때 반응에 관계하는 정촉매와 부촉매(화학 반응에
참여하여 반응 속도를 빠르게 하는 물질을 정촉매, 느리게 하는 물질을 부촉
매), "구슬이 서 말이라도 꿰어야 보배다."는 화학 결합을 나타낸다.

작은 고추가 맵다

　또한 집에서 직접 간단하
게 실험으로 확인해볼 수 있는 속담도 있다. "작은 고추가 맵다."라는
속담이 과학적으로 맞는지 확인하기 위해서는 고무풍선 두 개와 굵
은 빨대 하나, 면 테이프, 집게(고무줄도 가능)가 필요하다. 크기가 다
르게 공기를 불어넣은 풍선 2개를 빨대를 이용하여 양쪽에 연결하고
집게(또는 손가락)로 빨대의 중간을 잡고 있다가 놓아본다.

　먼저 예상해보자. 첫째, 그대로 있을 것인가? 둘째, 몸집이 큰 풍선
이 힘차게 공기를 작은 풍선 쪽으로 밀어내면서 작은 풍선의 크기가
커지고 점차적으로 같아질 것인가? 셋째, 작은 풍선이 기적을 일으
켜 큰 풍선 쪽으로 바람을 밀어내어 큰 풍선이 더 커질 것인가? 여기
서 만약 세 번째가 맞으면 "작은 고추가 맵다."는 속담이 과학적으로
증명되는 셈이다. 어떻게 될까?

　답을 말해버리면 재미없겠지만 이미 답은 뻔한 것, 작은 풍선이 기

작은 풍선과 큰 풍선을 빨대로 이어서 빨대를 잡고 있을 때와 놓았을 때의 모습―
작은 풍선의 바람이 큰 풍선 쪽으로 이동하여 큰 풍선은 더 커진다.

적을 일으켜 바람을 큰 풍선 쪽으로 밀어내면서 큰 풍선은 더욱 커지고 작은 풍선은 더 작아진다.

이것은 탄성력과 공기의 압력 때문이다.

작은 고무풍선의 탄성력(늘어난 고무풍선이 늘어나기 전 원래의 상태로 되돌아가려는 복원력)과 풍선 안쪽에서 풍선 밖으로 밀어내는 공기의 압력을 더한 힘이 큰 풍선의 탄성력과 풍선 안쪽에서 풍선 밖으로 밀어내는 내부 공기 압력을 더한 힘 보다 크기 때문이다. 즉, (작은 풍선의 탄성력 + 작은 풍선 안의 공기의 압력) 〉 (큰 풍선의 탄성력 + 큰 풍선 안의 공기의 압력)이다.

만약 탄성력만 생각한다면 당연히 큰 풍선 쪽이 크다. 그러나 두 힘을 합한 힘은 결국 작은 풍선 쪽이 큰 것이다.

탄성력의 크기는 훅Hooke의 법칙에 따른다. 탄성체를 늘리거나 줄이는 데 작용한 힘은 늘어나거나 줄어든 길이에 비례한다는 식 $F=kx$로 나타낸다.

여기서 또 하나의 힘, 즉 풍선 내부 공기의 압력은 공기의 분자 수

가 많을수록 풍선 벽을 두드리는 충돌횟수가 커지고 그 결과 압력이
커지는 것이다.

속담 본래의 뜻과 과학적 원리는 인생의 지혜

이렇게 실험을 통하여 속담의 과학성을 확인해볼 뿐만 아니라 그
속에 담긴 과학의 법칙을 찾아내는 것이야말로 희열 중의 희열을 느
끼게 한다.

다만 속담의 과학성도 중요하지만 속담 본래의 뜻, "작은 고추가
맵다."는 속담은 실제로 고추를 먹을 때 작은 고추가 더 맵다는 것에
서 출발하였겠지만 숨은 의미는 몸집이 작은 사람이 오히려 뛰어나
다거나, 작은 사람을 얕잡아보지 말라는 의미를 갖고 있기에 사람과
의 관계나 모든 생명체를 대할 때, 그리고 생활의 여러 곳에서 이런
뜻을 잊지 말아야 한다.

과학이란 '자연 세계에서 보편적 진리나 법칙의 발견을 목적으로
한 체계적 지식'을 말한다. 경험적 사실을 토대로 하여 성립된 경험
과학은 오랜 일상 경험에서 얻어낸 지식을 간결한 문구로 표현한 속
담과 많은 부분에서 일치한다. 다만, 속담은 경험에서 얻은 지식을
학문의 수준으로 끌어올리지 못하였을 뿐, 많은 과학적 사실을 담고
있으며 인생의 값진 지혜가 번득인다.

문화적인 측면에서 남보다 관찰력이 뛰어나고 통찰력이 예리한 사

람에 의해 만들어진 속담이 품고 있는 과학적 지식을 유머 있게 사용
하면서 그 속에 담긴 인생의 중요한 지표를 지켜가는 것이야말로 아
름다운 사회를 만드는 노력이 될 것이다.

온도에 대한
흥미로운 질문

　2013년에 과학 철학을 대중화시키며 과학에 대한 친화적인 사고를 부추겨주는 방송 강의로 한국 사회를 지성의 숲으로 안내하였던 장하석 교수! 그는 2004년에 영국 옥스퍼드대학 출판부를 통해 출간한 『온도계의 철학』이란 저서로 과학 철학의 노벨상인 '러커토시상'을 수상하였으며, 영국 켐브리지대학 석좌 교수로 활동중이다. 장교수는 이 책을 저술하게 된 배경이 "온도계를 사용해서 온도를 재는데, 온도를 재는 온도계의 온도는 어떻게 잴 수 있을까?"라는 단순한 호기심을 갖고 출발했다는 이야기를 한다.

　그렇다면 일반인들이나 학생들은 온도에 대하여 어떤 호기심을 갖고 있을까?

　필자가 만나본 많은 학생들은 장 교수가 가졌던 호기심과 유사한 질문들을 한다. 대부분 이런 질문이 많다. 온도계는 누가 만들었을까? 뜨거운 태양의 온도를 어떻게 측정할까? 쇳물이나 마그마 같은 것의 온도를 측정할 때 온도계는 녹지 않을까? 사랑의 온도를 측정하는 온도계는 만들 수 없는가? 온도계 없이 온도를 잴 수는 없나? 체온계로 내 몸의 온도를 잴 때 체온계의 온도는 내 몸의 온도와 같은가? 간단해 보이는 이런 질문의 답은 바로 나오지 않지만 과학자나, 발명가나 철학자들이 가졌던 호기심과 유사하기에 그 답을 찾아 떠나보는 것은 어쩌면 책 한 권이 완성되는 여행일 수도 있다.

온도란 무엇인가?

먼저 온도라는 개념에 대하여 정의부터 내려보자.

머리가 아플 때 사람들은 자신의 이마와 다른 사람의 이마에 손을 대보고서 열이 있는지 판단하는 경우가 있다. 또한 갓난아이를 목욕시킬 때 엄마들은 흔히 팔꿈치나 손등을 담가 목욕물의 온도를 가늠한다. 도자기를 구울 때에도 도공들은 눈을 온도 감지기로 활용한다. 이처럼 인체의 피부에 분포되어 있는 열점, 온점, 냉점 등과 같은 생체 온도계를 통해 대략적인 온도를 측정하는 것이 우리들의 삶이다.

그러나 같은 상태의 물질, 물체라도 사람에 따라 따뜻하다, 미지근하다, 시원하다 등등 느끼는 정도가 다르다. 이와 같이 사람에 따라 다르게 느끼는 감각의 정도를 객관적인 양으로 바꾸어 물체의 차고 더운 정도를 수량적으로 나타낸 것을 온도라고 한다.

좀 더 과학적으로 접근해보면, 온도란 물질을 이루는 입자의 무질서한 운동 상태를 나타내는 거시적인 특징이라 볼 수 있다. 특히 물체라는 '계系system' 속에 존재하는 내부 에너지인 운동 에너지와 밀접한 관련이 있으며, 물체의 차고 더운 정도로서 물질의 분자 운동에 따라 결정된다고 보는 것이다.

온도계의 역사

이러한 온도를 숫자로 표현하고자 하는 욕망에 의해 결국 온도계가 발명되었다고 할 수 있다.

일반적으로 발명의 역사에서 온도에 대한 기준을 만들려고 했던 첫 번째 시도는 170년 경 그리스의 의사 갈레니스(갈랜)에 의해서였으며, 그의 의학 저서 『뉴트럴Neutral』에서 물의 끓는점과 어는점을 이용해 온도의 기준을 제안했다.

그후 인류 최초의 온도계는 1592년에 과학자 갈릴레이가 만든 공기 온도계로 알려져 있다. 공기가 더워지면 부피가 팽창하고, 식으면 줄어드는 열팽창 원리를 이용한 것이다. 기다란 유리대롱의 한 쪽 끝을 속이 비어 있는 밀폐된 유리구에 연결하고 유리대롱의 다른 한 쪽은 물속에 담그는 온도계였다. 온도가 높아져 유리구 속의 공기 부피가 늘어나면 유리대롱 속의 물이 내려가고, 반대로 공기가 식었을 때는 물의 높이가 올라가는 것을 이용하여 온도를 측정한 온도계다. 오늘날은 색소를 넣어서 만들고 장식품으로 애용하기도 하는 이 온도계는 온도를 눈으로 볼 수 있다는 의미에서 '서모 스코프Thermo Scopes'라고 불렀다.

이어서 1641년에 페르디난드에 의해 알코올 온도계가 등장한다. 에틸알코올은 끓는점이 78.5℃이고 녹는점은 −114.5℃이므로, 저온의 측정 범위가 넓어 좋지만 너무 쉽게 끓는 단점이 있다. 그러나 미세한 에틸알코올의 열팽창(1℃ 상승 때마다 약 1/500씩 부피 증가)을 이용한 온도계는 더욱 개선되면서 사용이 확산되었고, 영국의 로버트 후크에 의해 1664년에 붉은 안료를 넣어 눈금이 확연하게 보이는 형태로 발전하였다.

갈릴레이 온도계

또한 1714년에 네덜란드의 물리학자 파렌하이트에 의해 수은이 가득 찬 수은 구에 진공 상태의 가는 관을 연결하여 수은이 관을 따라 올라가도록 만든 수은 온도계가 발명되었다. 이것이 바로 화씨 온도계이며, 물의 어는점을 32°F로 정하고 180등분하여 끓는점을 212°F로 정하였다. 오늘날도 미국과 서양 일부 국가들은 일기 예보에서 화씨 온도 눈금을 사용한다.

현재 가장 많이 사용하고 있는 것은 섭씨 온도이며, 스웨덴의 천문학자 셀시우스가 1742년에 고안하였다. 처음에는 물이 어는점을 100℃로 하고 물이 끓는점을 0℃로 놓고 100등분한 단위를 18세기 중엽까지 사용하였으나, 그후 어는점이 0℃로, 끓는점이 100℃로 수정되어 사용하고 있다.

온도계의 연구 발전

　이외에도 수많은 과학자들에 의해 온도계가 연구되고 발전되어왔다. 그러한 과정에서 오늘날은 국제적으로 온도의 눈금을 열역학적 온도 눈금인 켈빈(K)과 섭씨(℃)로 통일하여 사용한다. 캘빈 온도는 1848년에 켈빈 경(윌리엄 톰슨William Thomson의 기사 작위)이 도입하였으며, 물의 녹는점은 273.15K, 끓는점은 373.15K로 표시한다. 켈빈 온도를 절대 온도 또는 열역학적 온도라고 하는데, 열역학적으로 최저 온도인 절대 0도에서는 분자의 열운동이 제로가 되는 것을 기준으로 한다.

　이렇게 과학자들에 의해 완성된 온도 단위와 온도계는 오늘날 과학의 연구는 물론, 인간이 살아가는 데 생활의 필수품이다.

　최근에 더욱 발달된 온도계로는 적외선 온도계, 수정 온도계, 디지털 온도계 등이 다양하게 사용되고 있다. 적외선 온도계는 사람의 몸에서 나오는 체온, 즉 적외선을 측정하여 수치로 나타내는 온도계이다. 신체에 접촉하여 체온을 측정하면 체온계를 통해 환자의 세균이 전염될 수도 있기 때문에 접촉하지 않고 체온을 잴 수 있는 적외선 온도계가 병원의 의료용으로 사용되거나 공항 입국장에서 사용된다.

수정 온도계는 수백만 분의 1℃ 온도가 변하는 것도 측정할 수 있는 정밀 온도계이다. 원리는 온도 변화에 따라 수정水晶quartz 분자의 진동수가 달라지는 성질을 이용하여 온도를 측정한다. 수정 온도계를 나노 온도계라고도 한다.

또한 생활 주변의 냉·난방기나 자동차 계기판, 자동 커피 판매기, 보일러 등에는 온도를 수치로 나타내는 디지털 온도계가 설치되어 있다. 디지털 온도계는 독일-에스토니아의 물리학자 토마스 요한 제백이 1821년에 물질의 온도를 변화시키면 전기가 잘 흐르는 성질, 즉 전도성이 변한다는 사실을 발견함으로써 탄생되었다. 전자적인 방법으로 온도를 감지하여 수치로 나타내는 과학의 원리는 그가 발견한 열전도 효과(제백 효과) 성질을 이용하여 전기적인 방법으로 정밀하게 온도를 측정하는 장치이다.

이제 온도와 온도계에 대하여 알았으니 과학을 배우는 학생들이나 일반인들이 궁금증으로 가득한 질문, 즉 "이글이글 타오르는 태양의 온도는 어떻게 재는가?", "온도계 없이 온도를 측정하는 방법은?", "사랑의 온도를 어떻게 측정하는가?" 등 다양한 상상력에 대한 해답을 찾아 혼자 또는 여럿이서 과학의 멋진 탐구 여행을 해보자.

아마도 그 해답을 찾을 때 쯤은 과학 철학의 노벨상 '러커토시상' 수상자가 또 한 명 탄생되어 TV 방송을 뜨겁게 달구는 시간이 될 것이다.

빙판이 미끄러운 이유,
아직 규명 못했다

빙판 위에서 미끄러지고, 넘어지고, 엉덩방아 찧고……. 어린이들이 스케이트장에서 얼음을 지칠 때나 동계 올림픽 때 선수들이 경기 중 빙판 위에서 순간의 실수로 겪어야 했던 일들이다.

선수들이 미끄러지고, 넘어지고, 엉덩방아를 찧는 빙판이 왜 그렇게 미끄러운 것일까?

얼음판이 미끄러운 이유? 별것 아닌 것 같은데도 과학적으로는 아직도 완전하게 설명하지 못하는 자연 현상 중의 하나다.

현대 과학이 138억 년 전 우주 탄생의 비밀을 밝혀내고, 인체 구조와 거의 같은 로봇을 만들어내고, DNA 구조에서 생명의 신비를 밝혀내고 있지만, 얼음판이 미끄러운 이유에 대해서는 아직도 온전히 과학적으로 설명하지 못하고 있다.

엉덩방아 찧는 스케이트 선수

빙판이 미끄러운 이유를 분석해온 과학자들

과학자들은 역사적으로 얼음판이 미끄러운 이유를 어떻게 해석하고 생각을 발전시켜왔는지 정리해보자.

첫째는 얼음과 물체 사이에 물 층이 생겨서 마찰력이 작아지므로 미끄럽게 된다는 주장이다. 그러나 이 생각은 물이 0℃에서 언다는 사실 때문에 0℃ 이하의 날씨에 얼음 위에 물 층이 생긴다는 것을 설명할 수 없다는 모순점을 지니고 있다.

둘째는 이러한 모순점을 해결하기 위해 1849년에 영국의 과학자 캘빈Kelvin(윌리엄 톰슨William Thomson의 기사 작위 : 영국의 과학자 중 윌리엄 톰슨은 전자기학, 열역학, 지구물리학자이며, 전자를 발견하여 노벨상을 탄 조지프 존 톰슨Joseph John Thomson과 구분하여 캘빈 경으로 부름) 경은 얼음에 압력을 가하면 얼음이 녹는다는 '압력 녹음' 현상을 밝혀냈다. 즉 얼음판을 달리는 스케이트 날이 얼음을 누르면 그 압력으로 인해 얼음은 녹아 부피가 줄고 그만큼 물이 생겨서 스케이트가

추를 단 실이 압력에 의해 얼음 속으로 들어가 결국
실은 바닥에 닿게 된다.

잘 미끄러진다는 것이다.

이를 증명하기 위해 얼음 덩어리에 무거운 추 2개를 매단 가는 실
을 올려놓는 실험을 한다. 시간이 지나면서 실은 얼음 속을 파고 들
어간다. 실에 닿은 얼음 면은 높은 압력이 가해져 얼음이 녹아 실이
아래로 내려가게 되고, 실이 지나가면서 압력은 낮아져 물이 다시 얼
기 때문에 갈라졌던 얼음 면은 서서히 달라붙게 되는 신기한 현상을
실험으로 확인할 수 있다. 즉 가는 실은 얼음을 가르듯 얼음 면을 통
과하여 얼음을 올려놓은 책상 면에 도달한다.

이렇듯 얼음에 가해지는 압력이 높아지면 어는점이 낮아져 스케
이트 날 밑에서 강한 압력을 받은 얼음이 순간적으로 녹아 미끄러워
진다는 원리이다.

그러나 이러한 이론도 모순점이 있어 과학적으로 반론이 제기됐
다. 미국 로렌스대학 교수 로버트 로젠버그Robert Rosenberg는 68kg의
사람이 스케이트를 신고 빙판 위에 서 있다면 이때 빙판에 가해지는

압력은 cm² 당 3.5kg이다. 일반적으로 스케이트 날은 면도날처럼 날카롭지 않으며 길이가 약 30cm 정도이고 두께는 약 3mm이다. 따라서 두 개의 스케이트 날이 바닥과 닿는 면적은 180cm², 이 면적에 68kg이 누르면 얼음의 녹는점은 대략 -0.017℃ 정도 내려간다는 분석이다.(미국 물리학 회지 『Physics Today』, 2005)

얼음에 가해지는 압력이 1기압만큼 올라가면 얼음의 녹는점은 겨우 0.01℃ 내려갈 뿐이며, 수백 기압에 해당하는 압력이 가해지더라도 녹는점은 겨우 1~2℃ 정도 떨어지는 데 불과하다. 즉 날씨가 약간 추워져도 스케이트를 탈 수 없다는 결론이 나온다. 또한 몸무게가 가벼운 아이들이 스케이트를 신지 않고 바닥이 넓은 평평한 일반 신발을 신어도 빙판 위에서 잘 미끄러지는 현상에 대해서 '압력 녹음' 원리로는 설명할 수 없다는 단점이 있다.

셋째는 이를 해결하기 위해 1939년에 영국의 과학자 보든Bowden과 휴즈Hughes는 '마찰 녹음' 현상이라는 새로운 이론을 주장했다.

마찰력에 의한 열 때문에 얼음이 녹아 물이 생긴다는 것이다. 즉 손바닥을 비비면 열이 발생하듯이 스케이트 날이 얼음판에서 미끄러질 때 열이 발생해 얼음을 녹이고 그때 물이 윤활유처럼 스케이트를 미끄러지게 한다는 이론이다. 그러나 이 역시 모순점이 있다. 얼음판 위에 가만히 서 있을 때는 왜 미끄러지는가에 대해서는 설명할 수 없다.

아직도 밝혀지기를 기다리는 빙판

넷째는 1996년 미국의 로렌스 버클리 연구소의 표면 과학 및 촉매 과학자인 가보 소모자이Gabor Somorjai의 이론이다. 얼음 표면에 전자를 쏘아 전자가 어떻게 튕겨 나오는지를 정밀하게 관찰한 결과를 해석하여 주장한 이론이다. 전자가 튕겨 나오는 패턴을 분석한 결과, 영하 148℃까지 전자는 고체인 얼음이 아니라 액체인 물과 충돌하는 것을 발견했다. 그후 독일의 과학자들도 얼음에 헬륨 원자를 충돌시켜본 결과, 역시 소모자이가 발견한 점과 동일한 결과를 얻었다. 이런 실험 결과를 바탕으로 소모자이 박사는 "물 층은 얼음에 있어 절대적이며 본질적으로 존재한다."는 이론을 제시했다.

이와 비슷한 시기에 미국의 과학자 스티븐 추Steven Chu는 이온빔을 이용한 분석 실험을 통해 얼음의 표면에 액체인 물처럼 쉽게 움직일 수 있는 얇은 물 분자 층이 덮여 있다는 '표면 녹음' 현상을 찾아냈다. 즉 온도가 내려가 물이 고체로 변할 때 물 분자들은 6각형 모양으로 연결된다. 이때 표면의 분자들은 더 이상 6각형으로 연결할 수 없어서 물로 남아 있다는 생각을 하게 된 것이다. 여러 명이 한 줄로 양손을 잡으면 처음과 맨 끝에 있는 사람들은 한 손이 남는 것과 같은 현상을 생각하면 쉽게 이해할 수 있다.

이렇게 발전되어온 얼음판에 대한 연구 중 네 번째 이론의 내용인 '표면 녹음 현상'이 처음 나온 것은 아니다. 1850년에 영국의 과학자 마이클 패러데이Michael Faraday는 두 개의 얼음조각을 서로 마주

보도록 눌러주면 하나로 합쳐지는 실험(눈송이가 녹으면서 서로 달라붙는 현상과 같음)을 통해 "얼음 표면이 물 층으로 되어 있으며, 두 개의 얼음이 만나게 되면 이 물 층이 표면에 존재하지 않고 어는 것이다."라는 개념을 제시했다. 참으로 탁월한 혜안이었지만, 물 층이 너무나 얇아서 그동안 과학자들에 의해 관찰되지 못하다가 145년이 지난 뒤에야 확인되었다.

그렇다면 가장 확실한 것처럼 보이는 네 번째 이론이 '왜 얼음판은 미끄러운가?'에 대해 명쾌하게 과학적으로 설명해줄 수 있는 것일까? 꼭 그렇지는 않다. 아직도 과학자들은 논쟁을 계속하고 있고, 좀 더 완벽하게 설명하기 위해 치열하게 연구하고 있다.

과학적으로 속 시원히 설명해주지 못하는 것이 이뿐이겠는가? 마찰력이 생기는 원인이라든지 하품은 왜 전염되는지 등등, 우리가 볼 때 별것 아닌 것 같지만 과학자들에 의해 여전히 밝혀지기를 기다리고 있다.

일상생활에서 흔히 경험하는 자연 현상을 과학적으로 설명하는 일이란 쉬운 일이 아니며, 과학은 역시 연구해야 할 깊이가 끝이 없다. 자연 현상을 관찰하고 탐구해 그 이유를 찾아가는 과학자들에게 찬사를 보내면서 우리는 과학자들의 끈질긴 탐구 자세를 배워야 하지 않을까?

고속도로 위의
피아노

자동차를 운전하거나 운전자 옆 좌석에 앉아 고속도로를 달리다 보면 내리막길이나 요금소 부근에서 '드르륵~ 드르륵~' 또는 '덜덜덜~' 하는 별로 유쾌하지 않은 소리가 들리는 구간이 있다. 이런 구간에는 도로에 가로 방향으로 홈파기를 통해 자동차 바퀴와 노면 사이의 마찰을 크게 하여 차의 속력을 줄이게 되고 찾아오는 졸음도 달아나게 하기 위함이다.

그런데 고속도로 중 몇 군데 구간에서는 덜덜거리는 소음이 아니라 피아노 음악 소리가 들린다. '도미솔도'라고 피아노 음이 들리는 듯하고, 어느 구간에서는 "떴다 떴다 비행기 날아라 날아라 높이 높이 날아라"라고 부르는 동요 〈비행기〉 음이 들린다.

타이어와 도로면의 마찰은 음악 소리

도대체 이런 음악 소리가 어떻게 나는 것일까? 고속도로 노면에 횡방향으로 홈파기(그루빙Grooving은 1960년대에 미국 우주 항공국에서 항공기 안전을 위해 처음 개발한 포장의 표면 처리 공법)를 통해 자동차 타이어와 노면 사이의 마찰음을 음악 소리로 바꾼 것이다. 일반적으로 홈을 파게 되면 드르륵 드르륵, 덜덜거리는 소음이 들리지만 홈과 홈 사이의 간격을 조정하면 진동음을 노랫소리로 바꿀 수 있다. 즉 그루빙의 간격에 따라서는 음의 높이가, 폭에 따라서는 음의 양이, 개수에 따라서는 음의 길이가 각각 달라지는 원리를 이용한 것이다.

먼저 진동수振動數frequency(단위 시간에 진동하는 횟수. 진동 운동에서 물체가 왕복 운동을 할 때 1초에 왕복하는 횟수. 단위는 헤르츠Hz를 사용하며 파동에서는 주파수라고도 한다.)에 따른 홈파기 간격을 알아보자.

피아노 건반 가운데 있는 '라' 음의 주파수(진동수)는 국제 표준으로 440Hz로 정해져 있다. 시속 100km로 달리는 차량일 경우에 100km/h를 초속으로 바꾸면 계산식은 100km×1000/3600s = 27.77778m/s, 약 27.8m/s가 나온다. 따라서 '라' 음을 내려면 1초에 27.8m를 이동하면서 440번의 일정한 진동수가 나와야 하고, 6.3cm 간격(27.8m/s÷440Hz = 0.063m = 6.3cm)으로 홈을 파면 '라' 음이 발생하게 된다.

이런 방법으로 다른 음을 내기 위해서는 그루빙 간격(차량속도÷진동수)이 대략 다음과 같다.

고속도로의 그루빙에 의한 피아노 소리

'도(기본음)'는 27.8m/s÷262Hz = 0.0106m = 10.6cm,

'레'는 27.8m/s÷293Hz = 9.5cm,

'미'는 27.8m/s÷330Hz = 8.4cm,

'파'는 27.8m/s÷349Hz = 7.9cm,

'솔'은 27.8m/s÷392.6Hz = 7cm,

'시'는 27.8m/s÷493.9Hz = 5.6cm이다.

진동수에 따른 음의 높낮이가 결정되었으니 이제는 음의 양을 조절해야 한다. 음의 양은 운전자와 승객에게 가장 잘 들리도록 '볼륨'을 조절하는 것이므로, 홈의 너비를 약 2.5cm 정도로 하여 가장 듣기 좋은 상태를 유지한다고 한다. 즉 홈의 너비를 조정하여 들리는 음의 양에 대한 강약을 조절하는 것이다.

또한 음의 길이는 박자라고 할 수 있는데, 홈이 설치되는 길이로 조정한다. 가령 '도' 음을 내는 10.6cm의 홈 간격을 20m까지 늘어놓으면 약 0.72초 동안 '도' 음계가 이어지고, 이것이 한 박자(♩)의 효과를 나타내게 된다. 물론 10m를 늘어놓으면 반 박자(♪)가 된다. 따라서 노래의 길이에 따라 그루빙 시설의 길이가 달라진다.

피아노 소리가 나는 고속도로 구간

필자가 직접 찾아가서 확인한 곳만도 여러 군데 있다.

서울 외곽 순환도로에 설치된 구간은 동요 〈비행기〉 노래의 길이에 맞춘 345m이며, 운전자와 승객은 약 12초 정도 노래를 듣게 된다. 그러나 실제로 이 도로의 음은 〈비행기〉 노래의 '미레도레미미미'가 아닌 '시라솔라시시시'로 설치되었다고 한다. 기준 음을 약간 다르게 잡아도 음계의 규칙을 잘 지키게 되면 비슷한 곡으로 알아듣게 되기 때문이다.

외곽 순환도로에만 있는 것이 아니라, 중부 고속도로에도 짧게 '도미솔도'라고 울리는 구간이 하남시 주변 고속도로 상·하행선과 제2중부선 서울에서 호법 인터체인지 사이에 있다. 또한 충북 청원부터 경북 상주까지 이어지는 고속도로에는 약 680m를 달리는 동안 동요 〈자전거〉를 들을 수 있으며, 시속 100km로 달려야 "따르릉 따르릉 비켜 나세요 ~" 음이 잘 들리도록 시설이 되어 있다.

고속도로 위의 피아노! 그루빙 시설은 차량이 적정 속도로 달리도록 하여 미끄럼 방지는 물론, 운전자의 주의력을 환기하며 즐거움을

주고 교통사고를 줄일 것으로 기대하고 있다. 사람들이 듣는 이런 소리의 원리는 기본적으로 어떤 물체의 마찰이나 충격에 의한 떨림, 즉 진동이 있어야 하고 그것을 전달할 수 있는 매질과 인지할 수 있는 센서가 있을 때 가능한 것이다.

사람이 들을 수 있는 소리의 진동수

마찰이나 충격이 생기면 파동이 발생한다. 마찰로 발생한 파동이 공기라는 매질을 통해서 귀로 전달되면 귀는 센서로서 그 파동을 감지하게 된다. 이때 파동이 너무 작거나 너무 높으면 감지하지 못한다. 보통 '가청 주파수'라고 하는데, 1초에 16번 진동(16Hz)하는 것에서부터 1초에 20000번 진동(20000Hz = 20kHz)하는 범위의 것만 들을 수 있다는 뜻이다. 진동수가 20kHz보다 높아서 들을 수 없는 소리를 초음파라고 하며, 박쥐는 초음파로 서로 의사 전달을 한다.

스마트폰 소리, 째깍째깍 시계 소리, 알람 소리, 새 소리, 바람 소리, 아이들 떠드는 소리, 부르릉 자동차 소리, 비 오는 날 빗소리, 천둥 소리 등 저마다 다른 소리는 모두 떨림에 의해 소리가 나는 것이다. 공기의 떨림이 연못의 물결처럼 퍼져나가 사람들의 귀에까지 전해짐으로써 소리를 듣게 되는 것이다.

고무줄을 튕기거나 실을 튕기면 진동하기 때문에 소리가 나고, 그 소리는 진동이 빠르면 높은 소리 느리면 낮은 소리가 난다. 고무줄을 길게 잡으면 진동이 느려서 낮은 소리가 나고 짧게 잡으면 높은 소리가 난다. 이것을 악기에 이용한 것이 주로 현악기(기타, 우크렐레, 가야금, 하프 등)이다.

물론 타악기도 진동을 이용하여 소리를 낸다. 북을 치거나 트라이앵글, 탬버린을 치면 역시 물체가 진동하여 고유의 소리가 난다. 북도 큰 북은 진동이 느려서 쿵~ 쿵하고 낮은 소리를 내며, 작은 북은 높은 소리를 낸다.

또한 떨림이 크면 큰 소리, 떨림이 빠르면 높은 소리, 떨림이 아주 작으면 사람이 들을 수 없는 소리가 되는 것이다.

초음속 마하의 빠르기

이때 소리의 빠르기는 1초에 약 340m를 이동하게 된다.(공기 중에서의 음속은 0℃일 때 331.5m/s이고, 온도가 1℃ 높아지면

마하의 빠르기로 달리는 항공기

0.61m/s씩 빨라진다. 보통 상온에서 음속은 약 340m/s로 사용한다.)

또한 소리의 빠르기 단위로 '마하Mach'라는 것이 있으며, 1마하는 약 340m/s이다. 보통 1마하를 넘는 항공기나 미사일 등의 속력을 초음속Supersonic Speed이라 한다. 알기 쉽게 자동차의 빠르기인 km/h 단위로 바꾸어보면 1마하는 1시간에 1224km를 달리는 빠르기이다.(1224km/h = 0.34km/s = 340m/s)

서울에서 부산까지 거리를 약 450km로 보면 마하의 빠르기로 달릴 때 걸리는 시간은 약 22분 05초 정도이다.

이러한 마하의 빠르기는 정확한 개념을 알고 사용해야 하는데, 마하는 시속처럼 절대적인 속력의 단위가 아니다. '어떤 물체의 속력'이 '소리의 속력'보다 얼마나 빠른지를 나타내는 비율로 사용하는 단위이다.

소리의 빠르기는 공기의 밀도나 온도에 따라 변화하므로 물체의 속력이 일정하다고 하더라도 공기의 역학적인 상태에 따라 변한다.

항공기나 미사일 등은 공기의 조건에 영향을 받으므로 빠르기를 나타낼 때 시속 등의 절대적인 속도 단위를 사용하는 것보다 음속과 비교하는 마하의 단위를 사용하는 것이 더 정확하다고 하겠다(항공 기술의 발전으로 최근 마하 6의 초음속 항공기가 있다).

소리는 변화무쌍한 과학이며, 소리에 대해 알고 싶은 것은 참으로 많다.

공기가 없는 곳에서는 어떻게 소리를 들을 수 있을까?

소리의 크기 단위는 무엇을 사용하는가? 소리보다 빠른 장치를 개발하여 어디에 사용할 수 있을까? 등등 끝없이 이어지는 소리의 과학에 대하여 궁금증을 안고 뒤척이며 잠을 설치는 것은 과학이 벌써 내 마음에 가득하다는 증거이다.

pH와 우리 몸의
항상성

언제부턴가 주말이면 영화 한 편 정도는 봐야 할 일을 한 것 같은 생각이 든다. 티켓을 구매하고 나면 팝콘 가게에 들러 세트로 팝콘과 콜라를 산다. 영화가 끝날 때까지 다 마시지도 못하면서 습관처럼 구매하게 되는 콜라, 우리 몸에는 어떤 작용을 할까? 청소년들은 영화 대신에 운동장이나 공원을 선택한다. 축구나 농구라도 한 게임 하고 나면 이온 음료 한 병쯤은 기본이다. 땀을 흘리고 나서 마시는 이온 음료는 어떤 효과가 있을까? 우리 몸은 왜 갈증을 느끼는 걸까? 궁금해진다.

그 이유는, 살아 있는 모든 생물체는 늘 항상성을 유지하려고 애쓰기 때문이다.

우리 몸 역시 항상성이 깨지게 되면 신체적 불편함을 넘어 심하게는 질병으로까지 이어질 수도 있다. 건강한 사람의 경우에 체온

36.5℃ 내외, 수분 65% 정도, pH 7.3~7.45 정도를 유지한다. 그런데 체온의 변화나 수분의 결핍은 생체적인 변화를 동반하므로 우리가 금방 알아차릴 수 있지만 몸 안의 pH 변화는 스스로 느끼기 어렵다. 그래서 체온이나 수분의 유지에는 늘 신경을 쓰지만 몸 내부에서 서서히 찾아오는 pH의 변화에는 무관심하기 쉽다. 하지만 과호흡증, 신장 질환, 부정맥, 암의 발병은 체내의 pH 불균형으로 유발되는 대표적인 질병이므로 체온과 수분의 변화만큼 매우 중요하다.

우리 몸의 pH

여기서 잠깐, pH란 무엇일까?

pH는 용액의 수소 이온 농도를 나타내는 지수로, 용액의 산성도를 알 수 있는 척도로 사용한다. pH 값은 0부터 14까지의 숫자로 표시되며 pH 값이 7이면 중성, 7보다 크면 알칼리성, 7보다 작으면 산성의 특징을 띠게 된다.

그렇다면 정상적인 우리 몸의 pH는 얼마나 될까?

우리 몸의 pH는 신체 부위에 따

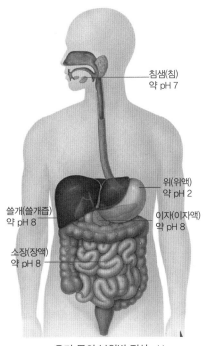

침샘(침)
약 pH 7

위(위액)
약 pH 2

쓸개(쓸개즙)
약 pH 8

이자(이자액)
약 pH 8

소장(장액)
약 pH 8

우리 몸의 부위별 정상 pH

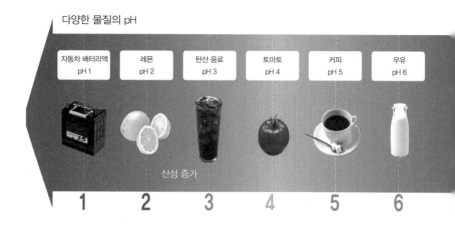

다양한 물질의 pH

| 자동차 배터리액 pH 1 | 레몬 pH 2 | 탄산 음료 pH 3 | 토마토 pH 4 | 커피 pH 5 | 우유 pH 6 |

산성 증가

1   2   3   4   5   6

라 다르다. 혈액의 pH는 7.4 정도이며, 입 속의 pH는 6.8 전후를 나타낸다. 음식물이 일정 시간 머무르는 위의 경우에는 단백질 소화뿐 아니라 외부로부터 유입된 병균을 죽이는 역할을 해야 하므로 pH 1.0~2.0으로 강산성을 유지하며, 위에 머물렀던 음식이 내려가는 소장의 pH는 약 7.6, 대장 역시 pH 8.4 정도의 알칼리성을 유지하여 강한 산성의 위에 머물러 있던 음식물의 중화를 돕기 위한 환경을 유지한다. 또한 피부는 외부의 감염으로부터 몸을 지키기 위해 pH 5.5 정도의 약산성을 띠며, 우리 몸에서 배출되는 소변은 pH 5.5~7.5, 땀은 pH 4.0~6.0 정도로 약산성을 나타낸다.

이렇게 다르게 유지되는 신체 각 부위의 고유 pH 값이 어떤 이유로든 균형이 깨지면 신체를 구성하는 분자의 활성화 정도와 화학적 기능에 커다란 영향을 주게 된다. 그 예로 '소변으로 당이 나온다'는 뜻의 병명을 지닌 당뇨병은 인슐린 분비 부족이나 인슐린에 대한 세포 반응성 저하로 인해 발병한다. 이 당뇨병을 연구하는 학자 중

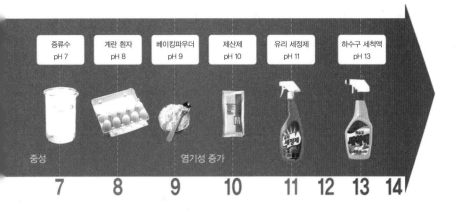

| 증류수 pH 7 | 계란 흰자 pH 8 | 베이킹파우더 pH 9 | 제산제 pH 10 | 유리 세정제 pH 11 | 하수구 세척액 pH 13 |

중성   염기성 증가

7   8   9   10   11 12 13 14

에는 병의 원인을 인슐린 양의 변화가 아닌 혈액 내 pH 변화에 따른 인슐린 활성의 저하에서 찾기도 하는데, 연구 결과에 따르면 혈액 중 pH 값이 0.1 정도 낮아지면 인슐린의 활성이 30% 정도 떨어진다고 한다.

산과 염기의 정의

산과 염기에 대한 연구는 언제 시작되었을까?

1700년대 후반에 라부아지에는 산과 염기에 대해 연구하면서 산소를 포함한 물질은 산이라고 주장하였다. 그러나 1815년에 데이비는 염산에 산소가 없음을 들어 산의 필수 원소가 산소라는 주장에 의문을 갖기 시작했다. 그후 산-염기에 대한 획기적인 진전이 가능했던 이유는 전리설로 유명한 아레니우스Svante Arrhenius(1859~1927)에 의해서였다. 그는 물에 녹아 수소 이온H^+을 내놓는 물질을 산, 수산화 이온OH을 내놓는 물질을 염기로 정의하였다. 우리가 실험실에서 흔히 볼 수 있는 염산, 황산, 질산 등은 수소 이온을 포함하고 있는 산이며 수산화나트륨, 수산화칼슘 등은 수산화 이온을 포함하는 염기로 대부분 물질에 잘 들어맞는 정의이다.

그러나 수용액이라는 한계점을 지닌 아레니우스의 정의를 좀 더 확장시켜 브뢴스테드-로우리는 반응을 할 때 수소 이온(양성자)을 내면 산, 수소 이온을 받으면 염기라고 정의하였고, 그후 미국의 화학자 길버트 N. 루이스에 의해 화학 반응 때 전자쌍을 받는 물질을 산, 전자쌍을 내놓는 물질을 염기로 정의하여 보다 확장된 의미로 산-염기를 사용하게 되었다.

중화 반응

대체로 산은 신맛이 나는 물질이 많으며, 염기는 미끈거리는 고유의 성질을 지니고 있을 뿐 아니라 그 자체가 해로운 물질들이 많다. 그래서인지 우리 주위에는 이런 각각의 특성을 약화시켜줄 수 있는 중화 반응의 예를 쉽게 찾아볼 수 있다. 중화 반응이란 수소 이온을 포함한 산과 수산화 이온을 포함하는 염기가 만나 물이 만들어지면서 산과 염기의 고유 특성을 잃어버리게 만드는 화학 반응을 말한다.

중화 반응의 예는 다음과 같다.

소화가 잘 안되거나 스트레스 등으로 인해 위산이 과다하게 분비되어 속이 쓰릴 경우에는 수산화마그네슘이나 탄산수소나트륨 등이 주성분인 제산제를 복용하면 통증이 완화된다. 생선을 요리할 때 나는 비린내는 트리메틸아민이라는 염기성 성분이므로 산성인 레몬즙을 뿌려주면 쉽게 냄새를 제거할 수 있다. 이외에도 샴푸를 미처 챙기지 못한 야외 활동 때 비누로 감은 뻣뻣해진 머리카락에는 식초를 몇 방울 떨어뜨린 물에 헹구면 부드러워지며, 벌에 쏘이거나 벌레에 물렸을 때 암모니아수를 발라주면 부어오르는 것을 방지할 수 있다.

식 습관에 따른 몸의 pH

이와 같이 산–염기의 반응은 일상생활 속에서 쉽게 찾아볼 수 있다. 뿐만 아니라 우리 몸의 변화에도 중요한 역할을 하는데, 좀 더 알아보도록 하자.

신생아의 체액은 일반적으로 약알칼리성인데 비해, 나이가 들어감에 따라 점차 산성으로 변해간다. 몸이 산성으로 변해간다는 것은 세포 내에 수소 이온이 많아짐을 의미하며 pH가 작아지면서 몸의 pH 항상성이 깨지면 세포가 죽음에까지 이르게 된다. 그 결과 노화가 촉진되고 각종 질병에 걸리게 되는 것이다.

그러나 산성 음식을 먹었다고 해서 우리 몸이 바로 산성으로 변하지는 않는다. 그 예로 우리가 즐겨 마시는 탄산 음료의 pH는 3.5~4.0 정도인데, 탄산 음료를 마셔도 몸이 바로 산성화되지는 않는다. 그 이유는 우리에게 신비의 완충 용액인 혈액이 있기 때문이다. 완충 용액이란 용액 내 이온의 용해도를 조절하거나 생화학적 과정을 통해 pH를 일정하게 유지시켜주는 역할을 하는 물질로 약간의 산, 염기가 체내로 흡수된다고 해서 곧바로 pH가 변하는 것은 아니다.

하지만 요즘 서구의 음식 문화가 들어와 청소년들이 즐겨 찾는 육식 위주의 식사는 대부분 산성 식품이며, 이런 식 습관이 반복될 경우에 우리 몸의 pH 불균형이 일어나고 산성화는 더욱 빨라질 것이다.

사람들은 건강한 생활을 유지하기 위해 체온, 수분뿐 아니라 내 몸의 pH를 지키기 위한 관심과 노력을 기울여야 할 것이다.

그러기 위해서는 우리 몸의 적정 pH 유지에 필요한 산성 식품과 알칼리성 식품의 균형 잡힌 섭취를 위해 당장 요리를 만들어보자.

근사한 요리를 만들어 우아하게 식사를 하는 것도 과학을 하는 사람들이 가져야 할 매너이다.

나노 기술로
성장하는 화장품

몇 천 원대 로드샵 화장품부터 수십만 원대 고가의 기능성 화장품까지…….

여성의 활발한 사회 활동과 남성 화장 인구의 증가, 고령화 시대에 따라 증가하는 노인층의 기능성 화장품 소비 증가, 10대 청소년들의 화장에 대한 관심과 구매가 증가하면서 우리나라의 화장품 시장은 매년 성장하고 있다.

현재 우리나라 화장품 산업은 세계 11위(2013년, 대한 화장품 협회) 수준으로, K-pop과 한국 드라마의 한류 열풍에 힘입어 국내뿐 아니라 중국과 일본, 동남아 등 세계 각국에서 러브콜을 받고 있다. 가격 대비 뛰어난 품질은 물론 한방 성분의 차별화된 고기능성 제품, 세련된 감각의 디자인과 포장, 마케팅의 위력으로 뷰티 산업은 우리나라

우리나라 화장품 시장은 세계 11위로 차세대
동력 산업으로 떠오르고 있다.

차세대 동력으로 새롭게 떠오르고 있다.

화장품! 과학의 세계와는 별 상관없어 보이는 화장품은 미와 관
련된 화려한 사치성 소비제품으로 오해받기 쉽지만, 그 제조 공정과
발전 과정을 살펴보면 과학의 기여 없이는 도저히 불가능한 분야 중
하나이다.

사람들은 언제부터 화장을 했을까?

화장을 시작한 정확한 시기를 단정짓기는 어렵지만, 고대 벽화나
유물을 분석해보면 인간의 출현과 동시에 시작되었음을 짐작할 수
있다. 물론 그 당시의 화장은 현재와 같이 얼굴의 약점을 감추거나
단점을 수정하여 아름다움을 돋보이게 하기 위한 수단이라기보다는

종교 의식에 필요한 치장이나 치료 행위의 일부였고, 산 사람보다는 사체死體를 보존하기 위한 방법이었다. 그래서 화장은 미적인 부분보다는 종교적인 색깔이 강했고 의학·약학·과학 등이 혼재된 개념으로 주술이나 신분 표시의 수단으로 이용되어왔다.

우리나라 화장의 역사는 흥미롭게도 '단군 신화'에서 찾아볼 수 있다.

환웅이 곰과 호랑이에게 준 쑥과 마늘은 전통적으로 사용하던 대표적인 피부 미백제로, 마늘과 쑥을 먹었을 뿐만 아니라 쑥을 달인 물과 마늘을 삶은 물에 목욕을 한 곰이 여인으로 환생을 한다. 이것은 고대 사회의 지배층인 희고 고운 피부를 지닌 여인으로 변신하기 위한 과정으로 곰 토템 부족의 주술적인 의미도 담고 있지만, 고조선 사람들이 흰 피부를 좋아했다는 것으로 추측할 수 있다.

이와 같이 자연 환경으로부터 신체를 보호하기 위한 수단이나 종족 본능을 위한 주술적, 종교적 의미를 지녔던 화장의 명맥은 아직도 아프리카나 아마존 인디언 등의 부족 형태 사회에서는 사회적인 신분을 구분하기 위한 계급장과 같은 형태의 문신으로 현재까지 이어져오고 있다.

고전적인 화장의 세계는 17세기부터 서서히 변모하여 발전하기 시작하여 18세기 유럽에서는 거의 모든 계층에서

화장이 성행하게 되었다. 한때는 화장품 사용과 인위적인 몸치장에 법적 제재를 가하기도 했지만, 19세기 말부터 20세기 초에 걸쳐 급속한 발전을 이룬 의학과 유기 화학을 바탕으로 다양한 화장품이 개발되었으며 제1차 세계대전 이후 화장에 대한 반대와 편견이 사라지기 시작하면서 더욱 눈부시게 발전하게 되었다.

화장품은 어떻게 만드는 걸까?

화장품은 각종 오일, 정제수, 유화제, 색소, 향료 등을 혼합하여 만든다. 그 종류는 기능과 용도에 따라 매우 다양하며 가격도 몇 천 원짜리부터 수십만 원이나 하는 고가의 화장품까지 천차만별이다. 그래도 화장품을 만들기 위해서는 몇 가지 조건이 요구된다.

먼저, 화장품의 첫 번째 조건은 계면 활성제의 특징을 지녀야 한다. 계면 활성제란 물에 녹기 쉬운 친수성 부분과 기름에 녹기 쉬운 친유성 부분을 동시에 지닌 물질로 비누나 세정제, 주방용품 등에 많이 사용하는 물질을 말한다. 화장품에 이런 특징이 요구되는 이유는 무엇일까? 피부의 보습과 영양을 위해 바르는 각종 정제수 형태의 화장품 성분 중에는 오일 성분이 많기 때문이며, 피부 분비물이나 외부에서 피부에 묻은 각종 분비물의 성분이 기름이기 때문에 물로 씻어내기 위해서는 계면 활성제의 역할이 꼭 필요하다.

둘째, 화장품은 고유한 향기를 지니고 있는데 그 많은 향을 어떻게 다 만들 수 있을까? 한방향, 허브향, 장미향 등……. 브랜드를 대표하는 독특한 향으로 사람들을 유혹하는데, 이는 화장품 제조 과정에서 '방향족'이라 불리는 특정 성분을 첨가하기 때문이다. 천연 장미나 오렌지, 허브가 없어도 그 고유의 향을 합성할 수 있는 비법은 벤젠 고리를 포함한 방향족 성분을 이용하는 것이다.

셋째, 화장품의 색소를 내기 위해서는 어떤 재료들을 사용하는 것일까? 화장품의 색소는 석유 타르에서 분리·합성하여 만드는 타르 색소라는 성분을 사용한다. 타르 색소란 석탄에 함유된 벤젠이나 나프탈렌을 재료로 만드는 인공 색소로 '황색 0호', '적색 1호' 등으로 표시한다. 립스틱과 쉐도우, 아이라인, 마스카라 등 대부분의 색조 화장품뿐 아니라 보습 크림의 촉촉함을 위해 파란색 색소를, 영양 크림의 영양 성분을 돋보이게 하기 위해서 노란색 색소를 첨가하기도 한다. 화장품에 쓰이는 타르 색소 83종류 중 72종류는 발암성과 간장 종양 등을 일으키는 원인이 되기도 하여 식품 첨가물로는 절대 사용할 수 없다. 최근에는 이런 색소나 방부제 등의 유해 화학 성분을 염려하는 사람들이 천연 흙 색소, 천연 꽃잎에서 추출한 원료, 식물성 오일과 왁스, 약초 추출물 등의 재료를 활용하여 화장품을 직접 제조하기도 한다.

마지막으로, 시판되는 화장품의 제품 상태를 오래 유지하기 위해서는 반응 속도를 조절해줘야 한다. 화장품 뚜껑을 열어 공기에 노출되었을 때 화장품 성분이 산소와 반응하여 산화되는 것을 방지하기 위한 연구는 화장품 개발의 필수 과정이며, 제품의 산화 속도를 최대한 늦추기 위한 반응 메커니즘에 대한 연구를 통해 화장품의 유통 기간을 조절할 수 있다.

이제까지 살펴본대로 이런 과학적인 과정을 통해야만 비로소 화장품이 탄생할 수 있는 것이다.

나노 기술

지금까지 살펴본 바와 같이 화장품 속에 담겨진 과학의 원리는 매우 복잡하고 심오하다. 2000년대에 들어오면서 성장 속도를 더해 가는 고기능성 화장품은 좀 더 진보된 과학 기술인 나노 기술Nano Technology(NT)과 함께 하고 있다.

나노 기술이란 무엇일까? 난쟁이를 뜻하는 그리스어 나노스nanos에서 유래한 나노는 10억분의 1을 의미한다. 나노미터nm를 활용한 나노 기술은 나노 로봇, 강철보다 강한 탄소 나노 튜브, 정보 통신, 전자제품 등 다양한 분야에서 활용되고 있다.

피부를 희게 만드는 미백 화장품, 세월의 흔적을 지워주는 노화 방지용 화장품, 기미와 주근깨 생성의 억제, 자외선 차단을 위한 선 크림 등 고기능성 화장품 제조 과정에서도 나노 기술이 적용된다.

피부 세포의 간격보다 작은 나노 구조물이 피부의 각질층을 통과하여 피부 깊숙이 침투함으로써 기능성 화장품의 효능을 극대화시켜준다. 나노 구조물은 리포솜liposome이라는 약물 전달 캡슐로 축구

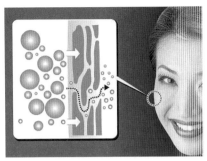
나노 물질은 크기가 피부 세포 간격보다 작기 때문에 피부에 쉽게 흡수되기 때문에
주름살 제거, 자외선 차단, 미백 화장품 등에 사용한다.

공처럼 이중 층으로 되어 있어 캡슐 안에 비타민이나 천연 추출물
을 넣고 세포막 성분과 비슷한 인지질로 싸서 만드는데, 피부를 뚫
고 세포 내부에 도착하여 성분의 빠른 흡수를 돕는 첨단 과학 기술
의 결과물이다.

　하지만 눈부시게 발전한 나노 기술은 장점만 있는 것은 아니다.
선의의 목적으로 발명하는 다이너마이트가 전쟁에서 많은 사람들
의 생명을 빼앗아간 것처럼, 나노 기술에 의한 합성 제품이 또 다른
부작용으로 나타나 빠르게 확산될 수도 있음을 우리는 염두에 두어
야 할 것이다.

　우리의 아침을 함께 열어주고 하루를 정리하는 시간까지 피부에
활력과 휴식을 주는 화장품의 세계도 알고보니 화학과 바이오 테크,
나노 기술 등 각종 과학 기술과 첨단 과학의 합작품이었음을 새삼
알게 된다.

나의 변신은 무죄,
탄소

까르보나라를 아십니까?

이탈리아 라치오 지방을 여행하는 여행자들의 눈길을 끄는 메뉴판의 요리는 단연 '스파게티 알라 까르보나라spaghetti alla carbonara'이다. 이탈리아어로 '석탄 캐는 광부의 스파게티'라는 뜻의 파스타. 까르보나라는 크림치즈, 베이컨, 계란, 소금, 후추 등을 이용하여 만든 요리다.

음식 이름에 웬 석탄 캐는 광부? 까르보나라와 석탄은 어떤 연관성이 있는 것일까? 궁금해진다. 이탈리아 중부 라치오 지방은 광산이 발달한 지역으로 아펜니노 산맥에서 석탄을 캐던 광부들이 갱도에 들어가 일을 하며 여러 날 지내다보니 장기간 보관이 가능한 음식이 필요하였다. 그래서 소금에 절인 고기와 달걀로 요리한 스파게티에 작업하던 광부들의 몸에 붙어 있던 검고 작은 석탄가루가 접시에 떨어진 모습을 보고서 음식 이름을 'Carbon(숯)'이라는 의미를 담은 '까르보나라'로 부르게 되었다고 한다.

신비한 원소, 탄소

숯Carbon, 석탄은 탄소(C)와 어떤 관계일까?

석탄은 태고에 번성하던 식물이 갑작스런 지각 변동으로 인해 매몰되고 그 위에 퇴적물이 쌓여 산소 공급이 중단된 상태에서 열과 압력의 작용을 받아 만들어진 대표적인 화석 연료이다. 식물의 셀룰로오스 성분에 들어 있던 수소, 질소, 산소 등이 대부분은 수증기, 메탄, 암모니아 등으로 변하여 달아나고 남은 탄소만이 탄화 작용을 거쳐 흑색 또는 갈색의 가연성 광물질로 변한 것이 바로 석탄이다.

인류의 발전에 중요한 역할을 하며 필요에 따라 다양하게 변신하고 있는 탄소에 대해 좀 더 알아보자. 탄소, 흑연, 다이아몬드 등의 물질로 대표되는 탄소Carbon는 석탄, 석유의 주성분이며 주기율표 14족 2주기에 속하는 원소로 원소 기호는 C이다. 탄소는 수소, 산소, 질소와 함께 생명체의 대표적인 기본 성분이며 특히 원소들의 세계에서는 다른 원소들의 원자량을 결정하는 기준 원소로도 사용되는 매우 중요한 원소이다. 탄소 원자는 오직 한 종류의 원소이지만 4개의 팔이 있어 수많은 다른 원소들과 자유롭게 결합하는 변신의 귀재가

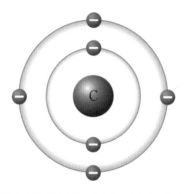

탄소는 원자번호 6번으로 전자 6개 중 최외각(L껍질)에 4개의 전자가 배치되어
자유롭게 결합에 참여할 수 있다.

되기도 한다.

탄소의 세계는 고전적인 탄소와 현대적인 탄소로 나눌 수 있다. 먼저 고전적인 형태의 탄소 소재인 활성 탄소, 흑연, 다이아몬드 등에 대해 알아보자.

활성 탄소Activated Cabbon는 '살아서 활동하는 탄소'라는 뜻을 지니고 있으며, 크고 작은 구멍이 많아 넓은 표면적을 가지며 흡착력과 탈취 효과가 탁월하다. 예로부터 우리나라는 아기가 태어났을 때 대문 앞에 고추(남자), 솔잎(여자), 숯(공통)을 매단 금줄을 걸어놓았다. 이는 숯의 강한 흡착력과 환원력으로 인해 해로운 미생물과 병원균으로부터 산모와 아기를 보호하기 위한 것이었다. 또한 할머니들이 장을 담글 때에도 숯을 넣었는데, 이는 단순히 세균과 오염 물질을 제거할 뿐만 아니라 숯에서 방출되는 원적외선으로 인해 새로 담근 장을 알맞게 숙성시키는 역할도 하였다.

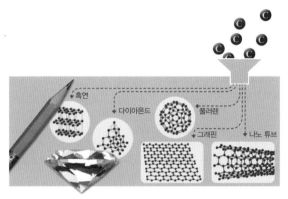

다이아몬드와 흑연은 구성 성분으로는 탄소 100%로 이루어진 동일한 물질이나
결합 구조에 따라 전혀 다른 성질을 나타낸다.

흑연Graphite은 6개의 탄소로 이루어진 물질로 탄소와 탄소 사이의
고리가 연결된 여러 층의 구조로 되어 있어 미끈거리는 성질이 있어
연필심, 샤프심 등에 이용된다. 층 구조로 되어 있으므로 쉽게 부서
지는 단점이 있지만 부드럽고 전기가 잘 흐르는 장점을 이용하여 배
터리나 전극, 윤활유 등에 널리 사용한다.

4월의 탄생석인 다이아몬드Diamond는 승리와 변치 않는 사랑을
상징하므로 결혼식 때 대표 예물로 쓰이는 보석으로, 순수한 탄소만
으로 구성된 지구상에서 가장 단단한 결정체이다. 보석으로서의 다
이아몬드는 그 색깔, 투명도, 무게 등에 의해 가치가 각양각색이며
1960년대 이후에는 공업용 인조 다이아몬드가 생산되어 강도에 따
라 공업 재료의 연마제로도 많이 이용하고 있다. 흑연과 다이아몬드
모두 탄소로만 이루어진 물질이지만 탄소의 결합 방식이 달라 우리
들에게 대접받는 방식도 천지 차이가 난다. 우리들도 이 세상에 똑같

이 생을 부여받고 태어나지만 자신이 살아가는 삶의 방식에 따라 흑연과 같이 살 수도, 눈부신 다이아몬드로 모든 이의 부러움을 받으며 살 수도 있을 것이다.

미래 신소재, 탄소의 여러 얼굴

다음은 미래의 신소재로서 탄소를 살펴보자.

차세대 고부가가치 산업의 대표 물질로 손꼽히는 탄소는 석탄, 석유 기반 산업은 물론 스포츠, 항공우주, 무기, 반도체, 실생활 분야까지 다양한 소재로 가공되어 이용된다. 강한 강도와 내마모성, 높은 열전도율, 전기 전도성 등의 특징을 장점으로 제1, 2차 산업 혁명의 철을 물리치고서 제3차 산업 혁명의 대표 주자로 자리매김하고 있다. 요즘 공업에서 사용하는 탄소는 그 종류도 매우 다양하며 탄소 섬유, 그래핀, 탄소 나노 튜브 등 수많은 신소재들로 개발되어 여러 분야에서 각광받고 있다.

탄소 섬유Carbon Fiber는 육각 결정 형태의 탄소 원자가 길이 방향으로 배열되어 있는 형태의 직경 5~10μm 굵기의 섬유로 수천 가닥을 꼬아 탄소 실을 만든다. 이렇게 만들어진 탄소 섬유는 독특한 분자 배열 구조로 인해 높은 인장 강도(절단 시 하중 강도)를 지니게 되며 낮은 열 팽창율과 높은 열 전도율, 내화학성, 내식성 등의 특징을 동반하고 있어 응용 분야가 무궁무진하다. 현재 탄소 섬유를 이

용하여 만드는 물질로는 자동차 외장, 골프채, 테니스 라켓, 스키 등을 들 수 있으며 고강도 플라스틱으로 불리는 많은 소재가 바로 이 탄소 섬유이다.

다음은 그래핀Graphene으로, 상온에서 구리나 실리콘보다 100배나 높은 전류량과 빠른 전달 속도, 강철보다 200배 이상의 기계적 강도를 갖는 탄소 소재이다. 2010년에 영국의 과학자 콘스탄틴 노보셀로프Konstantin Novoselov의 노벨 물리학상 수상으로 세간의 주목을 받기 시작한 그래핀은 탄소 고리가 육각 벌집 무늬의 평면 단층 구조이며 투명도를 장점으로 주로 디스플레이, LED, 터치 패널 등 스마트 기기에 많이 이용한다.

마지막으로 소개할 탄소 소재는, 1991년에 일본의 이지마 스미오 박사에 의해 발견된 탄소 나노 튜브Carbon Nano Tube(CNT)이다. 탄소 나노 튜브는 육각 벌집무늬의 판이 서로 연결되어 하나의 관 모양을 이루고 있으며, 철보다 100배 이상의 높은 강도뿐 아니라 90°로 유연하게 휘어지는 것이 특징이다. 영화 〈아이언 맨〉에서 토니 스타크가 착용했던 멋진 슈트나 우주로 연결되는 엘리베이터를 개발할 수 있는 가능성도 바로 꿈의 신소재로 각광받고 있는 탄소 나노 튜브 때문일 것이다.

탄소로 이루어진 많은 물질이 다양한 분야에서 새롭게 변신하며 성장하고 있다. 지금 이 순간에도 또 다른 탄소 성분 신소재가 등장을 준비하고 있을 것이다. 탄소로 태어나 활성 탄소로 살아갈지, 다이아몬드로 살아갈지, 탄소 나노 튜브로 살아갈지는 그 재료가 갖는 특성을 어떻게 살려 활용하느냐에 달려 있는 것처럼 우리의 삶도 나만이 가진 장점으로 각자 빛나는 탄소 소재처럼 살아가기를 희망해본다.

파마 속 과학

일상이 지루해질 때 여성들이 할 수 있는 손쉬운 기분 전환 방법은 헤어 스타일의 변화이다. 요즘은 남성들도 미장원을 자주 이용하며 파마나 염색을 하는 젊은이들을 많이 볼 수 있다. 헤어 스타일은 시대에 따라, 계절에 따라 그때그때 유행을 몰고다니는 트렌드라고도 할 수 있다. 그 종류는 아줌마의 대표 트랜드 뽀글 머리 파마부터 볼륨 매직 파마, 디지털 파마, 세팅 파마, 발롱 파마, 롤 파마, 쉐도우 파마 등 이름을 다 기억하기 어려울 정도다.

파마의 역사

그럼, 파마는 언제 시작되었을까?

파마는 절세의 미인이라고 불리어지는 클레오파트라의 나라 고대

이집트 벽화 속 여인들의 파마 머리를 통해 파마의 기원이 이집트였음을 알 수 있다.

이집트에서 그 기원을 찾을 수 있다. 물론 오늘날 미용실에서 하는 방법은 아니었을 것이다. 과거 이집트 여인들은 나일 강의 진흙을 머리에 바르고서 얇은 막대기로 동글게 말아 뜨거운 태양의 직사 광선으로 말려 웨이브를 만들었다고 전해져온다. 태양열을 이용해서 진흙 속 알칼리성 성분의 화학 변화를 통해 파마를 했다고 하니 어떻게 그런 생각을 해냈는지 신기하기만 하다. 고대의 여인들이 원하는 헤어 스타일을 위해 하루 종일 뙤약볕 아래에서 곤욕을 치렀을 생각을 하면 괜히 웃음이 나온다.

시간이 흘러 고대 그리이스 · 로마에서는 다리미로 열을 가해 웨이브를 만들었다고 하는데, 이는 오랫동안 유럽에서 애용되었던 방법이다. 특히 루이 14세 때에는 웨이브 있는 모발에 대한 동경으로 남녀를 불문하고 풍성하고 탐스러우며 구불거리는 웨이브 가발을 사용하였으며, 그후 본격적으로 파마는 발전을 더해 오늘날의 미용실에서 사용하는 방법의 원조가 된 것은 1900년대에 들어와서이다. 지금의 파마 약은 1936년에 영국의 화학자 J. B. 스피크맨이 양모의 분자 구조 연구를 하던 중 머리털의 케라틴 세포 곁사슬을 자를 수 있는 방법을 발견하여 상온에서 약품을 이용하여 콜드 웨이브를 만드는 데 성공한 뒤로 대중화되기 시작하였다.

파마의 산화-환원 반응

파마는 퍼머넌트permanent wave, 펌으로도 불리며 열 또는 화학 약품의 작용으로 모발 조직에 변화를 주어 오래 유지할 수 있는 웨이브를 만드는 과정이다. 먼저 머리카락에 파마 약을 바른 뒤에 원하는 형태의 롯드rod를 이용하여 모양을 변형시킨 뒤 열처리를 하고 시간을 보낸다. 그후 중화제라는 약품을 뿌리고 한참 기다린 뒤에 롯드를 풀고서 머리를 헹구면 완성된다. 이처럼 파마는 두세 시간의 지루함과 이상한 약품 냄새, 뭔가 복잡한 것처럼 느껴지는 힘든 과정이지만, 그 기본 원리는 과학의 산화-환원 반응에서 찾을 수 있다.

일반적으로 어떤 물질이 산소와 결합하거나 전자를 잃는 과정을 산화, 산소를 잃거나 전자를 얻는 과정을 환원이라고 한다. 반드시 산소가 관여하지 않더라도 산화수의 변화가 일어나는 모든 반응을 산화-환원 반응이라고 하며, 항상 동시에 일어난다. 산화가 되는 물질은 반응하는 짝꿍 물질에게 전자를 주어 환원시키므로 환원제, 환원이 되는 물질은 짝꿍이 되는 물질에게서 전자를 잃게 만들어 산화시키므로 산화제라고 한다.

　머리카락의 주성분은 케라틴이라 불리는 섬유 같은 단백질로, 이 단백질에는 시스틴이라는 아미노산 성분이 함유되어 있다. 머리카락은 이 시스틴 안에 황 원자(S)와 황 원자(S)가 단단하게 연결되어 있기 때문에 가늘어도 잘 끊어지지 않으며 탄력을 가지고 있어 구부렸다가 펴도 다시 제 모양으로 돌아오므로 젖은 머리를 드라이나 고데기 등의 열을 이용하여 원하는 형태의 웨이브를 만들 수 있다. 또한 잠들기 전에 머리카락을 땋아 변형된 상태로 잠을 자고 일어나면 아침에 구불구불한 웨이브를 만들 수 있는 것도 이런 원리이다. 하지만 이 경우에는 머리를 감으면 다시 원래의 상태로 돌아오는데, 그 이유는 머리카락의 일시적인 물리적 변화이기 때문이다.

　웨이브가 몇 달씩 유지되기 위해서는 머리카락에 화학적 변화를 주어야 하는데, 이 과정이 파마인 셈이다. 미용실의 헤어 디자이너들은 머리카락의 단백질인 케라틴의 −S−S− 형태의 시스틴 결합을 끊었다 다시 붙여주는 화학 반응을 하루에도 몇 번씩 진행시키는 사람들이다. 그러니 헤어 디자이너들이야말로 과학과 기술, 디자인이 결합된 융합적 분야를 담당하는 선두 주자인 셈이다.

　파마는 먼저, 알칼리성 환원제(1제)를 머리카락에 발라 케라틴 단백질에 수소를 공급하여 아미노산의 시스틴 결합을 깨뜨린다. 결합이 깨져 단백질 구조가 느슨해지면 머리카락이 유연해지는데, 이때 롯드나 기계를 이용하여 원하는 형태로 머리카락을 구부리고 고정시킨다. 그후 산화제(2제)를 사용하여 공급했던 수소를 빼앗아 처음의

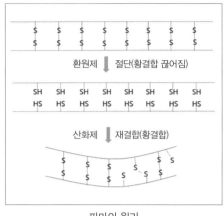

파마의 원리

시스틴 결합을 다시 연결해주면 파마가 완성되는 것이다.

파마의 원리

이때 수분과 열을 가하는 시간은 컬의 모양과 머리숱의 정도에 따라 다르다. 화학 반응의 속도를 조절하는 과정도 이와 비슷한데, 반응하는 물질의 농도나 온도에 따라 반응 진행 정도가 다르기 때문이다.

파마 말고도 우리의 일상에는 화학의 산화-환원 반응을 활용한 예들이 많다. 산화되는 정도가 다른 2개의 금속판과 전해질 용액을 이용한 건전지, 리튬 충전지 등 각종 화학 전지가 대표적이며 고가의 귀금속을 대신해서 만드는 각종 도금 악세서리, 혈중 알코올의 농도를 측정하는 음주 측정기 등이 있다. 또한 우리 몸 안의 세포에서도 끊임없이 산화-환원 반응이 일어나고 있는데, 산소와 관련된 혈액 순환과 세포 내 소기관(미토콘드리아), 효소의 활동 등이 그것이다. 이 반응의 부산물인 활성 산소의 누적으로 인해 피로와 노화, 각종 질병을 발생시키기도 한다.

　이와 같이 인간의 삶을 더 윤택하고 편리하게 해주는 방법, 아름다움과 젊음을 유지하는 비법, 질병에 잘 걸리지 않는 해법, 암을 치료하는 방법 등은 결국은 과학의 세계에서 그 해답을 찾아야 할 것이다.

월동 필수품,
손난로

　추운 겨울, 주머니 속에 넣고 살짝 흔들기만 하면 따뜻한 열기가 손바닥 가득 전해져오는 휴대용 손난로는 작지만 추위로부터 우리를 구해주는 큰 위력을 지닌 고마운 물건이다.

　우리가 쉽게 만날 수 있는 손난로의 종류는 너무 다양하다. 1990년대 초에 등장한 고체형 흔들이 손난로에서부터 똑딱이가 들어 있는 액체형 손난로를 거쳐 요즘은 옷 속이나 신발에 붙이는 핫 팩까지 등장해 쌀쌀한 날의 야외 활동이 한결 수월해졌다. 손난로도 진화하여 한 번 충전하면 몇 시간동안 사용할 수 있는 조약돌 손난로, 귀엽고 앙증맞은 인형 손난로도 등장하였으며 컴퓨터 작업 때 USB 연결 방식의 방석과 발난로까지 각종 유행 상품들이 겨울철이면 새롭게 등장하고 있다. 이렇게 품목이 다양해진 까닭에 우리는 용도에 맞는 손난로를 취향에 맞게 마음껏 골라 쓸 수 있게 되었다.

손난로의 과학적 원리

이처럼 친근하게 쓰이는 손난로에는 어떤 과학이 숨어 있기에 가능한 일일까? 한번 자세히 알아보자. 먼저 고체형부터 알아볼까?

고체형 손난로를 만들려면 부직포가 필요하다. 부직포를 이용하여 원하는 크기와 모양의 주머니를 만들어본다. 그 다음 그 속에 넣어줄 철가루와 활성탄, 소금물, 톱밥 등을 준비한 뒤에 미리 만들어 놓은 주머니 안에 넣고 내용물이 나오지 못하도록 입구를 꼼꼼하게 막아주면 간단하게 만들 수 있다. 이렇게 완성된 손난로를 흔들어주기만 하면 끝! 고체형 손난로를 흔들기만 하면 열이 발생하는데 왜 그럴까? 또 세게 흔들면 흔들수록 더 따뜻해지는데 그 이유는 무엇일까? 그것은 바로 주머니에 넣어준 철가루가 물과 반응하여 녹슬기 때문이다.

과연 이렇게 쉽게 철이 녹슬 수 있을까?

그렇다. 화학 반응에서는 열의 출입이 동반되는 경우가 많다. 손난로에 들어있는 철가루뿐 아니라 못이 녹스는 과정에서도 물론 열이 발생한다. 하지만 열이 발생하는 정도는 반응하는 물질의 종류와 양, 속도에 따라 달라지므로 천천히 녹슬어가는 못 주위에서 발생하는 열을 느끼기에는 다소 어려움이 있다. 이에 비해 손난로에 넣어주는

고체형 손난로

철가루는 입자가 매우 작고 곱기 때문에 반응 물질의 표면적이 매우 커서 철의 산화 반응이 잘 일어날 수 있게 해준다.

그래서 흔들이 손난로를 잘 흔들어주기만 하면 주머니 속의 철가루가 물, 공기와 빠르게 반응하여 녹슬게 되고 이 과정에서 열이 발생하게 되는 것이다. 이때 손난로의 온도는 30~60℃ 정도까지 올라가므로 웬만한 추위는 견딜 수 있다. 하지만 이렇게 열을 발생시키면서 녹슨 철가루의 산화 반응은 한 쪽 방향으로만 진행되는 특징이 있어 원상태로 되돌리기 어려우므로 한 번 사용한 고체형 손난로는 일회용으로 재사용이 불가능하다는 단점이 있다.

그럼 재사용이 가능한 손난로는 없을까?

　초등학교 앞 문방구에서 쉽게 볼 수 있는 액체형 손난로는 재사용이 가능한 손난로이다. 둘리, 도라에몽, 딸기, 눈사람……등 그 모양이 예쁘고 특이해서 어린 친구들이 좋아하는 똑딱이 손난로가 액체형 손난로이다. 액체형 손난로를 만들려면 어떤 재료가 필요할까? 먼저 용액을 담을 수 있는 비닐이 필요한데 가급적 투명한 비닐이 좋다. 투명한 비닐봉지 형태의 손난로 속에 아세트산나트륨CH_3COONa이나 티오황산나트륨$Na_2S_2O_3$의 과포화 용액을 넣고 동그란 금속 똑딱이를 넣으면 끝! 이렇게 만들어진 액체형 손난로를 원할 때 쉽게 똑딱이를 '똑딱'하고 가볍게 눌러주면 봉지 속에 담긴 용액이 충격을 받아 투명했던 용액이 결정처럼 딱딱하게 굳어지면서 열이 발생하게 된다.

　왜 그럴까? 비닐봉지 속에 담긴 용액은 과포화 용액으로 특정 온도에서 최대로 녹을 수 있는 양의 용질보다 더 많은 양의 용질을 녹여 만든 용액으로 작은 충격을 받으면 과포화 상태의 액체가 고체 상태로 변하면서 열이 발생하게 된다. 용질이 용매에 녹는 정도(용해도)는 용액의 온도에 따라 달라지므로, 낮은 온도에서 고체 상태로 딱딱해진 손난로를 끓는 물에 넣으면 용해도가 커져 녹게 되므로 재사용이 가능하다.

손난로에서 일어나는 변화와 같이 물질은 그 상태나 성분이 변화될 때 열이 출입하게 된다. 열은 물질의 온도를 변화시키거나 상태 변화를 일으킬 수 있는 에너지의 한 형태인데, 상태에 따라 물질이 지닌 고유한 에너지가 변하거나 원래 물질(반응물)이 새로운 물질(생성물)로 재배열하는 화학 변화 과정에서 그 에너지의 차이만큼 열이 출입하게 된다.

발열 반응과 흡열 반응

화학 반응에서 동반되는 열의 이동에 대해 좀 더 자세히 알아보자.

화학 반응이 일어나는 동안 관여된 모든 물질의 온도를 일정하게 유지시키기 위해 흡수하거나 방출하는 열량을 반응열이라고 하며 반응열(Q)의 값이 양(+)이면 발열 반응, 음(-)이면 흡열 반응이라고 한다. 발열 반응은 넓은 의미로 상전이, 용해, 혼합 등의 물리 변화도 포함하며 기체가 액체로 응축될 때 발생하는 액화열이나, 산과 염기의 반응을 통한 중화열, 연소 반응, 금속과 산의 산화-환원 반응 등이 대표적이다.

　발열 반응의 예를 우리 주변에서 찾아보면 추울 때 나무나 천연가스, 석유 등을 태워 주위를 따뜻하게 만들어주는 것이 대표적인데, 이때 열이 발생하는 이유는 나무나 천연가스, 석유 등의 연소 과정에서 연료가 이산화탄소나 수증기로 재배열되면서 에너지의 차이만큼 열이 발생하기 때문이다. 또한 에스키모인들이 이글루에 찬 물을 뿌려 물을 순간적으로 얼음으로 변화시키면서 내부를 훈훈하게 해주는 것도 발열 반응의 예이다.

　흡열 반응의 대표적인 예로는 식물의 광합성이나 화학 반응 중 전기 분해, 열 분해 등이 있으며 무더운 여름날 아스팔트에 물을 뿌려주어 시원하게 기온을 내려주는 방법도 그 예이다. 우리가 샤워하고 난 뒤에 느껴지는 한기나 주사를 맞을 때 간호사가 문질러주는 알코올 솜이 몸에 닿았을 때 느껴지는 시원한 느낌도 흡열 반응 때 우리 몸이 느끼는 변화이며, 아이스크림 포장 때 드라이아이스를 넣어주어 주위의 열을 흡수해서 일정 시간 저온을 유지시켜주는 것도 그 때문이다. 이와 같이 액체 상태의 물이 수증기로 기화하거나 알코올의 증발, 드라이아이스의 승화 과정 등은 흡열 반응의 좋은 예이다.

　이처럼 자연의 원리를 이용하여 인간 생활의 편리성과 경제적인 이득을 얻는 것 역시 과학을 아는 사람들이 누리는 행복이 아닐까?

　자연의 힘은 위대하다. 하지만 위대한 자연의 현상도 과학 원리를 슬기롭게 적용하여 따뜻함과 시원함까지 자유롭게 조절해내는 인간의 능력 앞에서는 어쩔 수 없다는 사실이 새삼 재미있게 느껴진다.

겨울철 도로 안전은
제설제가

　겨울에만 볼 수 있는 자연의 선물, 눈! 눈이 내리면 시골 마을이나 도시의 아파트 할 것 없이 경사진 곳에는 아이들이 삼삼오오 모여든다. 알록달록 예쁜 플라스틱 썰매를 들고 모여든 아이들은 얼굴에 천진난만한 웃음을 띠고 썰매를 타며 왁자지껄 즐거워한다. 최근에는 지구의 기상 이변으로 베트남, 이집트 등 열대 지방에까지 갑자기 눈이 내려 동심을 들뜨게 하고 있지만, 지구촌 어느 곳이든 아이들과는 달리 어른들은 눈이 내리면 걱정이 앞선다. 미끄러져 다치기도 하고 안전 운전에 대한 부담도 크기 때문이다.

제설제의 과학적 원리

갑자기 쏟아지는 눈, 얼어버리는 도로에서 미끄러지지 않고 운전하기 위해서는 어떤 준비를 해야 할까? 겨울철 도로 곳곳에는 제설제를 담은 제설 장비 보관함을 쉽게 볼 수 있다. 우리나라에서 주로 사용하는 제설제로는 염화칼슘이 있으며, 그 밖에도 시골에서는 연탄재나 소금을 뿌리기도 하고 최근에는 가격은 좀 비싸지만 환경을 생각하는 친환경 제설제도 등장하였으며, 마트에 가면 타이어에 직접 뿌리기만 하면 되는 아주 간편한 스프레이 형태의 제설제도 있다.

눈이 내리는 도로에 제설제를 뿌리면 어떤 변화가 있을까? 그 이유는 무엇일까?

그 이유는 두 가지로 설명할 수 있다.

먼저, 제설제를 도로에 뿌리면 눈이 쌓이면서 주위의 기온이나 압력으로 인해 약간 녹은 눈이 뿌려진 염화칼슘과 섞여 눈을 녹이게 된다. 녹은 물은 염화칼슘과 반응하면서 계속 눈을 녹이게 되며, 물과 염화칼슘이 섞여 용해되는 과정에서 열이 방출하게 되므로 이 열로 인해 눈이 녹게 되는 것이다.

또 한 가지 이유는 녹은 물이 쉽게 얼지 않기 때문이다.

순수한 물의 어는점은 0℃이지만, 순수한 물(용매)에 다른 물질(용질)을 섞으면 어는점이 0℃보다 내려가 잘 얼지 않게 된다. 염화칼슘이 대략 30% 정도 녹아 있는 물의 어는점은 -55℃까지 떨어지게 되므로 제설제를 뿌린 도로는 기온이 내려가도 쉽게 얼지 않는다.

제설제를 뿌린 도로에서 물의 어는점이 낮아지는 이유를 과학적으로 설명하면 다음과 같다. 용질을 섞은 용액의 어는점은 순수한 용매보다 낮아지는데, 그 이유는 비휘발성 용질이 녹아 있는 용액의 증기 압력이 낮아지기 때문이다. 증기 압력이란 일정한 온도에서 액체 또는 고체와 평형 상태에 있는 증기의 압력으로 용액의 어는점에 영향을 주는데, 증기 압력이 낮아지면 이로 인해 순수한 용매보다 용액의 어는점이 내려간다. 추운 겨울철 호수나 강물은 비교적 잘 어는 것에 비해 염류가 녹아 있는 바닷물이 쉽게 얼지 않는 이유는 바로 이 때문이다.

또한 증기 압력이 내려가게 되면 어는점뿐 아니라 용액의 끓는점 역시 순수한 용매보다 높아지게 되는데, 이를 끓는점 오름이라고 한다. 그래서 끓는 물로 인한 화상보다는 끓는 국으로 인한 화상

차량을 이용해 도로에 도포하는 염화칼슘 제설제, 차량 타이어에 직접 뿌리는 스프레이형 제설제, 에코 트렉션과 같은 친환경 제설제 등 다양한 종류가 있다.

이 더 심각한데, 그 이유 역시 국의 끓는점이 100℃보다 높아지기 때문이다.

이와 비슷한 예로 라면을 맛있게 끓이기 위해서는 면을 먼저 넣어야 하나, 아니면 스프를 먼저 넣어야 하나에 관한 논란은 정답이 없는 얘기처럼 들리기도 한다. 물론 라면 제조 회사의 입장과는 다소 다르지만, 과학적 입장에서 보면 라면을 맛있게 끓이기 위해서는 스프를 먼저 넣어야 한다. 맛있는 라면은 물의 온도와 조리 시간에 따라 달라지는데, 순수한 물은 외부 압력이 1기압 하에서 100℃에서 끓어 기화하지만 같은 대기압 하에서 물에 다른 물질이 섞여 있을 때의 물의 끓는점은 100℃보다 상승하게 되는, '끓는점 오름' 현상이 일어나게 되는 것이다. 따라서 물에 스프가 먼저 녹아 있을 경우에 더 높은 온도인 105℃ 내외에서 끓게 되므로, 이때 면을 넣으면 면도 빨리 익으면서 먼저 녹아 있던 스프의 맛이 깊게 베어들어 맛있게 익는다.

친환경 제설제

다시 겨울철 얘기로 돌아가보자. 겨울철 안전 운전을 위해서는 제설제뿐 아니라 자동차의 냉각수도 신경을 써야 하는데, 부동액과 냉각수를 섞어주는 것이 좋다. 부동액이란, 자동차의 과열을 막아주는 냉각수가 얼어서 팽창하는 것을 막기 위해 넣어주는 물질로, 주로 에틸렌글리콜이라는 물질을 물과 같은 비율로 섞어주었을 때 실외 온도가 영하로 떨어져도 잘 얼지 않는 특징을 이용한 것이다.

제설제로 주로 사용되는 염화칼슘은 부동액으로는 사용할 수 없는데, 그 이유는 염화칼슘이 물에 녹아 이온화되는 과정에서 생기는 염화이온의 부식성으로 인해 자동차의 철근을 손상시키기 때문이다. 그래서 겨울철이 지나고 난 아스팔트의 도로 훼손과 자동차의 관리에 신경을 써야 할 것이다.

염화칼슘은 자동차나 콘크리트의 부식뿐 아니라 도로 주변의 나무들도 죽게 만드는 단점을 지니고 있으며, 염화칼슘의 특징인 조해성(공기 중에 노출되어 있는 고체가 수분을 흡수하여 녹는 현상)으로 인해 공기 중의 수분을 흡수하여 겨울철 도로를 질척하고 지저분하게 만드는 원인이 되기도 한다.

이와 같이 염화칼슘이 지닌 단점과 환경적인 문제가 부각되면서 최근 염화칼슘 양을 줄이려는 노력도 거듭되고 있다. 광물질과 음식물 쓰레기와 같은 유기물을 이용한 친환경 제설제가 등장하고 있으며, 신설되는 도시의 주요 도로에는 열선을 깔기도 한다.

외국의 경우에 우리보다 먼저 친환경 제설제를 도입하였는데, 일본 눈의 도시 삿뽀로에는 염화칼슘 대신에 돌가루나 소금 등을 사용하고 있다. 눈이 많은 캐나다 토론토 지역에서도 환경적인 면을 고려하여 광물질을 이용한 에코 트랙션과 같은 친환경 제설제 사용을 권장하며 이를 어길 때 벌금을 부과하기도 한다.

우리나라의 경우에 아직 친환경 제설제의 사용량이 제한적이기는 하지만 환경을 고려하여 전면 교체해야 한다.

이 책을 읽고 있는 과학자를 꿈꾸는 학생들은 더 좋은 친환경적인 제설제를 어떻게 만들 수 있을까를 고민하면서 도전해보기를 희망한다. 과학의 원리로 생활의 편리를 찾는 우리들은 늘 개발과 환경의 양면성을 함께 고민해야 한다는 명제를 잊지 말아야 할 것이다.

더치 커피 한 잔 속
과학

우리나라 사람들이 물 다음으로 많이 마시는 음료는 무엇일까? 그건 단연 커피다.

이제 겨우 100여 년의 역사를 갖고 있지만 우리나라는 아시아 커피 소비국 2위에 올랐으며, 하루 커피 소비량(식약청, 2011년)은 평균 300t으로 국내 경제 활동 인구 2400만 명이 하루 한잔 반씩, 연간 5백잔 이상의 커피를 마시고 있는 셈이다.

이 시대의 '성수'라고도 불리는 커피는 현대인의 기호품을 넘어 필수품이 되었으며 그 맛과 향, 종류는 너무 다양해 나열하기 어려울 정도이다.

기발한 발상으로 나만의 독특한 라떼 아트를 완성할 수 있다.
우리나라 커피 시장은 10년 사이에 10배 이상 성장했다.(2014년)

커피 문화의 변화

우리나라에는 개화기 무렵에 처음 커피가 들어왔으며, 6·25 한국 전쟁 중 주한 미군에 의해 인스턴트 커피가 대중화되기 시작했다. 그후 달달한 다방 커피를 찾던 사람들은 점차 대중적인 기호로 재탄생한 일회용 인스턴트 믹스 커피에 열광하였으며, 2000년대에 들어와 웰빙과 다이어트의 바람이 불면서 믹스 커피에 중독되었던 사람들의 관심은 믹스 커피에 들어있던 설탕과 지방으로 쏠리게 되었다. 때마침 하나 둘씩 생겨나는 커피 전문점의 등장으로 사람들은 자연스럽게 아메리카노로 갈아타게 되었고, 요즘은 어느 그룹의 노래처럼 아메리카노를 외치며 테이크아웃 커피를 들고 거리를 다니는 젊은이들의 모습이 더 이상 낯설지만은 않다.

한때 대화와 모임의 장소였던 커피 전문점도 많이 변화되어 요즘은 홀로 커피를 앞에 두고 앉아 무선 넷으로 노트북 작업을 하는 젊은이들을 볼 수 있으며, 아메리카노는 더 진화하여 독특하고 기발한 아이디어로 자신만의 라떼 아트 세계를 만들어가며 새로운 신세대 커피 문화를 창조해가고 있다.

혼합물 분리 방법

커피가 이렇듯 우리 곁으로 깊숙이 들어오게 된 계기는 무엇 때문이었을까? 아마도 커피 추출 기구의 발전과 깊은 관련이 있어 보인다. 커피 추출이란 로스팅한 원두를 분쇄한 입자의 크기, 거름 장치, 물의 온도와 접촉 시간 등 다양한 방식으로 커피 고유의 맛과 향 등을 뽑아내는 것을 말한다.

추출은 여러 가지 성분이 섞여 있는 혼합물 중 한 성분만 녹여내는 용매를 사용하여 특정 물질만 분리해내는 방법으로 커피뿐 아니라 녹차, 땅콩 등에서 원하는 성분을 얻어내는 과학적인 혼합물 분리법 중 하나이다.

혼합물 분리법에는 추출 이외에도 몇 가지 더 있다. 물질의 끓는

점 차이를 이용하여 공기를 구성 성분 별 기체로 분리할 수 있으며, 정유 회사에서는 원유를 용도에 맞게 정제할 수도 있다. 염전에서는 증발 방법을 이용하여 정제된 소금을 얻기도 하고, 병원에서는 혈액을 원심 분리기로 혈구와 혈장으로 분리시켜 각종 검사에 사용하기도 한다. 과학 수업 시간에는 종이 크로마토그래피를 활용하여 사인펜의 색소나 엽록소 같은 미세한 성분을 분리할 수도 있고, 성분을 분석하는 연구실에서는 고가의 기체나 액체 크로마토그래피를 사용하여 미세한 성분의 검출에 활용하기도 한다.

우리가 자주 마시는 우유도 혼합물 중 하나인데, 우유 속 단백질 성분만 분리해서 치즈를 만들 수도 있고 그 나머지 지방만으로는 버터를 만들기도 한다. 식탁에 자주 오르는 두부도 콩 단백질만 분리한 것인데, 믹서로 간 콩에 물을 넣어 끓인 뒤에 간수를 조금 섞어주면 콩 속의 단백질 성분들만 분리되어 엉기게 된다. 이것을 압착시켜 모양을 잡아주면 우리가 즐겨먹는 두부가 만들어진다.

이와 같은 다양한 방식의 혼합물 분리 방법은 커피의 카페인 성분을 추출하는 데 사용되었고 세계인들이 가장 사랑받는 음료가 된 커피의 추출 방식 또한 눈부시게 성장할 수 있었다. 수작업으로 커피를 내리는 전통 방법인 터키식 침출법Turkish Coffee에서부터 프렌치 프레스French Press, 핸드 드립Hand Drip, 사이폰Syphon, 모카 포트Mocha Pot, 에스프레소 머신Espresso Machine까지 이어져온 추출 방식의 진화는 커피 산업의 원동력이 되었다.

온도에 따른 카페인 추출 방법

원두 원산지와 추출 방식에 따라 다양한 커피의 세계가 펼쳐지고 있으며, 특히 커피 속 카페인 성분을 97% 이상 제거한 디카페인 커피의 등장으로 카페인 성분 때문에 잠을 못 이루던 사람들과 칼슘 흡수를 방해한다는 이유로 커피를 꺼리던 골다공증 환자들까지도 안심하고 커피를 마실 수 있게 되었다.

디카페인 커피는 볶지 않은 커피콩을 물에 불리거나 용매(아세틸알데히드, 초임계유체 이산화탄소)를 사용하여 여러 번 씻어내어 카페인을 포함한 수용성 화학 물질을 우려낸다. 이 용액을 활성 탄소가 들어 있는 관에 통과시켜 카페인만 제거할 수 있으며, 추출된 카페인은 청량 음료 회사나 제약 회사 등에 판매하기도 한다.

일반적으로 카페인은 물 100ml에 약 2.2g 정도 녹는데, 끓는 물에서는 30배 정도 잘 녹으므로 뜨거운 물로 천천히 핸드 드립해서 얻어지는 커피의 카페인 양이 상대적으로 많다. 그래서 카페인에 부작용이 있는 사람들이나 건강을 챙기는 사람들에게는 더치 커피가 인

'천사의 눈물'이라는 칭송을 받기도 하는 더치 커피는 에스프레소에 비해 카페인이 적고 맛이 부드러우며 원두 향이 깊어 커피 애호가들에게 인기가 많다.

기가 있다.

더치 커피는 어떤 커피이며 그 한 잔 속에는 얼마나 많은 양의 카페인이 들어 있을까?

더치 커피는 뜨거운 물 대신에 찬물을 이용하여 장시간 우려낸 커피로 네덜란드풍Dutch의 커피이다. 17세기 경 네덜란드 상인들은 장시간 항해하는 동안 인도네시아산 커피의 강하고 쓴맛을 줄이고 커피 맛을 신선하게 보존하기 위해 카페인 추출에 찬물을 사용하기 시작했다.

한 방울 한 방울씩 12시간 동안 모아지는 더치 커피는 원두 본연의 향미를 더 잘 유지할 수 있으며 맛도 깔끔한데다 노화 방지에 좋은 항산화 물질도 풍부하게 들어 있다. 또한 일반적인 커피는 원두 속의 카페인을 잘 추출하기 위해 75℃ 이상의 따뜻한 물을 사용하는 데 비해, 찬물을 이용하는 더치 커피는 에스프레소보다 상대적으로 카페인이 적게 추출되어 건강에도 좋은 이색 커피라고 할 수 있다.

오랫동안 천천히 내려진 커피는 마시는 사람들의 취향에 따라 하루 이틀 정도 더 숙성시키기도 하므로 더치 커피는 바쁜 현대인들에게 '기다림의 미학'을 일깨워주기도 한다. 이렇듯 투명 추출 장치 속에서 방울방울 모아지는 커피를 지켜보는 것만으로도 더치 커피는 '커피의 와인' 또는 '커피의 눈물'이라는 칭송을 받으며 커피 애호가들의 사랑을 받고 있으며 이제는 커피 전문점의 인기 메뉴 중 하나가 되었다. 물론 에스프레소보다 카페인 함량이 적은 것은 사실이지만 추출 시간에 따라 그 함량은 얼마든지 달라질 수 있으며 보관 과정에서도 세균이나 미생물 등의 오염 물질이 들어갈 수도 있으므로 보관에 유의해야 하며 지나친 섭취는 자제해야 한다.

커피는 하나의 문화이다

1984년에 커피 광고에 영화 배우 안성기가 등장하면서 그의 매력적인 미소는 커피가 풍기는 시적인 느낌으로 많은 사람들의 감성을 자극했다. 또한 전 세계 여성들의 로망 조지 클루니가 커피 광고 모델로 나오면서 커피 문화는 더 한층 여성들의 마음속에 파고들었다. 커피 문화를 이끌어가는 바탕에는 추출이라는 과학의 원리와 커피 머신Coffee Machine의 세련된 발전, 그리고 사람들의 감성이 깔려 있음을 생각하니 과학의 세계는 정말 무궁무진한 우리 생활의 해결사 같다는 신뢰가 느껴진다.

제로 에너지
하우스

『유엔 미래 보고서 2045』(박영숙 · 제롬 글렌의 저서, 2015년)에 의하면 2045년을 전후로 변화될 인류의 삶을 크게 세 가지로 예견하고 있다.

첫째, 인간의 지능을 뛰어넘는 인공 지능 로봇의 등장이다. 인류의 삶을 편리하게 하기 위해 등장했던 로봇은 더 많은 분야에서 인간을 대신하며 인간의 지능을 뛰어넘는 인간의 모습을 갖춘 로봇, 휴머노이드가 등장함으로써 우리의 삶의 모습이 크게 변화할 것이다,

둘째, 계속되는 지구 온난화로 인한 기후의 변화이다. 2041년에 지구의 온도는 지금보다 2℃ 상승할 것으로 예측되며 향후 10년 동안의 기후 변화는 우리가 지금까지 배출한 이산화탄소로 인해 일어나기 때문에 탄소 배출에 가장 큰 부분을 차지하는 화석 연료를 대체

할 새로운 에너지에 대한 연구가 계속되어야 할 것이다.

셋째, 수명 연장의 기술이다. 의료 기술의 발전과 함께 인공 지능과 로봇의 발달로 인간이라는 한계를 뛰어넘는 포스트 휴먼, 트랜스 휴먼까지 길고도 극적인 변화의 미래를 예상하고 있다.

이처럼 우리의 살아가는 방식의 변화와 우리의 미래는 사회의 각종 시스템이 변화되어 새로운 직업이 계속 탄생할 것이며 우리의 일상도 많은 변화가 있을 것으로 예상된다. 예를 들면 우리가 매일 입는 의복도 패션의 의미보다는 첨단 기술을 장착한 스마트 의류로 기능적인 면이 훨씬 진화될 것이며, 현재 대표적인 부의 가치로 여겨지는 주택도 소유의 개념보다는 이용의 개념으로 변화되지 않을까? 또한, 우리가 해결해야 할 미래의 지구 문제인 온난화와 그로 인한 삼림 파괴, 식량 문제, 에너지 문제 등도 해결하기 위한 적극적인 노력을 강구해야 할 것이다.

그렇다면 미래의 에너지 문제는 어떻게 해결해야 할까?

한정된 화석 연료의 고갈과 탄소 배출에 따른 환경 오염을 고려하여 적극적인 대체 에너지 개발과 더불어 선진국에서 확산되고 있는 미래형 주택 '제로 에너지 하우스'의 건설에 관심을 기울여보는 것은 어떨까?

제로 에너지 하우스란 어떤 형태의 주택을 말하는 것일까?

제로 에너지 하우스란, 가정에서 사용하는 전기나 난방과 같은 모든 에너지를 자체 조달하는 주택으로 미래형 친환경 건축물을 통칭하는 말이다. 최근 우리나라의 건축업계에서도 제로 에너지 하우스

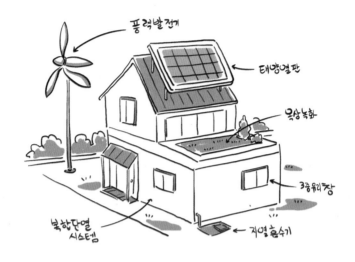

풍력발전기
태양열판
옥상녹화
3중유리창
복합단열시스템
지열흡수기

제로 에너지 하우스는 건물의 연간 에너지 소비량을 줄이고 자체적으로
신재생 에너지를 생산해 에너지 수지의 합을 '0'으로 만드는 주택 공간을 의미한다.

에 관심을 보이고 있으며 직접 설계와 공사가 진행되는 곳도 있다.
또한 2014년에 우리 정부도 온실 가스 배출량 감축과 환경 친화적인
녹색 건축물 조성 및 관리에 대한 '녹색 건축물 조성 지원법'을 제정
하여 2015년 5월 29일부터 시행하기로 결정하였다.

그렇다면 제로 에너지 하우스를 설계할 때 가장 고려해야 할 점은
무엇일까? 환경 친화적인 소재, 에너지, 생태계, 디자인 등 다양한 분
야의 지식도 물론 중요하지만, 최우선적으로 해결해야 할 문제는 생
활에 필요한 에너지의 생산 및 보존과 비효율적으로 빠져나가는 열
을 차단하기 위한 대책인 것 같다. 여기서 미래의 에너지 문제를 해
결하기 위한 첫 걸음인 열에 대해 좀 더 파헤쳐보자.

열의 정의

그럼, 열이란 무엇일까?

우리는 종종 열을 열 에너지라고도 부르는데, 열에 의해서 물질이 지닌 고유한 에너지 값이 증가하게 되는 것이므로 엄밀하게 말하면 열과 에너지는 동의어가 아니다. 온도 역시 열과 같은 개념으로 이해하는 사람들도 있지만 열은 에너지의 한 종류로 온도가 다른 두 물체가 접촉했을 때 높은 온도에서 낮은 온도로 이동하는 에너지의 양을 말하는 반면, 온도란 물질의 뜨겁고 차가운 정도를 나타내는 수치이므로 혼동해서는 안 된다.

물체의 온도 변화를 가져오는 열은 어디서 오는 것일까?

옛날 사람들은 열을 열소caloric, 즉 열을 담고 있는 작은 입자들이 이동하면 열이 발생한다고 생각했으며 그런 의미에서 열은 라틴어로 '연소성 흙terra pinguis'이라는 뜻을 갖고 있다.

열에 대한 생각이 구체화된 시점은 18세기의 슈탈George E. Stahl (1660~1734)에 의해서이다. 그는 플로지스톤 이론을 통해 모든 탈 수 있는 가연성 물질들은 '플로지스톤'이라는 입자를 포함하고 있어 물질들이 탈 때 섞여 있던 플로지스톤이 빠져나온다고 주장하였다. 이런 논리라면 뜨거운 물질은 차가운 물질에 비해 플로지스톤을 더 많이 가지고 있으므로 온도가 높아질수록 질량이 무거워져야 하며 물질이 타는 연소 반응이 일어나면 플로지스톤과 결합하게 되므로 더 무거워져야 한다. 하지만 온도가 변하더라도 화학 변화가 일어나지 않았을 때 물질의 질량은 변하지 않았으며, 연소 후 재로 변하면 오히려 질량이 가벼워지는 현상으로 인해 플로지스톤이라는 이론을 받아들이기에는 한계가 있었다.

그후 연소설을 주장한 라부아지에, 기체 분자의 운동으로 유체 역학을 주장했던 베르누이를 거쳐 19세기 제임스 줄James Prescott Joule(1818~1889)에 의해 열은 드디어 역학적인 개념으로 접근할 수 있었다. 열은 물질의 이동이 아닌 분자들의 운동으로 인한 에너지의 변화, 즉 역학적인 작용임을 인식하게 되었고 이런 주장을 바탕으로 '열역학 법칙'이 탄생하게 되었다. 결국 현대적 개념의 열은 물체의 온도를 높이거나 물질의 상태 변화를 일으키는 데 쓰이는 에너지의 한 형태로 정의하고 있다.

열의 이동 방법

열은 물질 사이를 끊임없이 이동하면서 물질의 온도를 변화시켜 주거나 물질의 상태를 변화시킬 수 있는데, 그렇다면 열은 물질 내부에서 어떻게 다른 물질로 이동해갈 수 있을까?

온도가 높은 물체의 분자들과 온도가 낮은 물체의 분자들이 만나면 항상 에너지의 이동이 일어나는데 이때 이동하는 에너지를 열이라고 하며, 열의 이동은 두 물체의 온도가 같아지는 열 평형이 이루어질 때까지 일어난다.

열의 이동 방식에는 전도, 대류, 복사 등의 3가지가 있다.

먼저 전도란 고체 내에서의 열 전달 방식으로, 온도가 높은 물체의 분자는 큰 운동 에너지를 갖고 있으므로 빠른 속도로 운동하기 때문에 온도가 낮은 물체의 분자에 충돌하게 되고 이 충돌 과정을 통해 고온의 물체가 지니고 있던 에너지가 저온의 물체로 이동하게 된다.

열전도율은 물질마다 다르기 때문에 이런 특성을 활용하여 용도에 맞는 건축물 설계나 생활용품의 제조 등에 활용되는데, 예를 들면 냄비나 프라이팬과 같은 조리 기구의 경우에 불과 직접 닿는 부분은 열전도율이 높은 금속을 사용해 빠른 시간에 요리를 할 수 있도록 하는 반면, 손잡이 부분은 플라스틱과 같이 열전도율이 낮은 물질로 만들어 열 전달을 차단해준다. 또 음식의 종류에 따라서 특정 용기를 사용하기도 하는데, 된장찌개나 삼계탕 등은 뚝배기를 사용한다. 전통 뚝배기는 진흙을 주재료로 하지만 요즘은 멜라민이나 세라믹 등 다양한 성분을 이용해 만들기도 한다. 아무튼 이런 성분들은 가열 도구로 사용하기에는 의외로 열전도율이 낮은 재질인데, 처음에 그릇이 뜨거워지기까지 시간이 오래 걸려 불편한 듯 보이나 요리하는 동안 열기가 음식 속까지 골고루 잘 전달되는 특징뿐 아니라 음식을 다 먹을 때까지도 식지 않는 장점도 가지고 있으므로 적절한 조리 도구를 선택하는 것도 맛있는 음식을 요리하는 데 있어 중요한 비법이 된다.

대류는 액체와 기체 내에서 일어나는 열 전달의 주된 방법으로, 액체나 기체 상태에 있는 분자들은 열을 받게 되면 분자 운동이 활발

내부 깊숙하게
들어간 뚜껑

이중벽 안의
진공 상태

은도금된
이중 유리벽

열이 물질 내부를 통해 이동하는 것을 전도, 온도에 따른 밀도 차이에 의한 이동을 대류, 빛의 형태로 이동하는 것을 복사라고 한다. 진공 보온병은 열의 3가지 이동 방식인 전도, 대류, 복사 등을 잘 이용하여 만든 것이다.

해져서 부피가 팽창하게 되고 그 결과 밀도가 작아지게 된다. 그렇게 되면 상대적으로 온도가 높은 부분은 가벼워져서 위로 올라가게 되고 위에 있던 온도가 낮은 부분은 밀도가 커져 아래로 내려가게 된다. 결국 물을 가열하게 되면 냄비 바닥에 있는 뜨거워진 물은 위로 올라가고 상대적으로 윗부분의 차가운 물은 아래로 내려가기 때문에 시간이 흐르게 되면 냄비에 있는 물 전체의 온도가 같아지면서 끓기 시작하는 원리인데, 우리가 난방에 사용하는 온풍기나 여름에 사용하는 에어컨 등의 위치를 결정할 때도 이와 같은 공기의 대류를 이해한다면 좀 더 효율적으로 설치할 수 있다.

복사는 매질이 없는 상황에서도 일어날 수 있는 유일한 열 전달 방식으로 진공에서 열을 전달할 수 있는 유일한 방법이며 고온의 물체에서 저온의 물체로 빛의 형태로써 이동하는 것을 말한다. 예를 들면 태양의 빛과 에너지가 우주 공간을 거쳐 지구까지 도달할 수 있는 것도 복사라는 전달 방식 때문이며 사람들이 많이 모인 교실이 사람들이 적은 교실보다 기온이 올라가는 이유도 복사 때문이다.

이와 같은 열의 이동 방식은 물질의 종류에 따라 각각 다르며, 우리 생활에서는 용도에 따라 다양하게 활용할 수 있다.

제로 에너지 하우스의 과학적 원리

앞에서 살펴본 열의 전달 방식을 적절하게 활용하는 것으로는 진공 보온병이 대표적이다. 보온병의 안쪽에는 이중으로 된 유리가 들어 있다. 유리는 열전도율이 낮아 전도에 의한 열의 이동을 막을 수 있으며 유리와 유리의 층 사이 진공 부분은 대류와 전도에 의한 열의 이동을 차단해줄 수도 있다. 특히 이 부분에 은도금을 하게 되면 전자기파 형태의 빛을 반사시키므로 복사에 의한 열까지도 막을 수 있으며 여기에 뚜껑까지 꽉 막아주면 대류에 의한 열의 이동까지도 빈틈없이 차단시켜줄 수 있으므로 무더운 여름철에는 시원하게, 추운 겨울철에는 따뜻하게 물을 마실 수 있는 것이다.

보온병과 같은 원리로 열의 전달 및 에너지 이동이라는 과학을 이용하여 제로 에너지 하우스를 만들 수 있다. 제로 에너지 하우스는 건물 내부의 따뜻한 공기는 밖으로 새어나가지 못하도록, 겨울철 밖의 차가운 공기나 여름철 더운 공기는 실내로 유입되지 못하도록 설계되므로 냉난방에 들어가는 에너지 경비를 줄일 수 있을 뿐만 아니라 지구 온난화의 주범인 이산화탄소 발생량도 줄일 수 있는 미래형 친환경 주택인 것이다.

제로 에너지 하우스는 냉난방비의 절감뿐 아니라 온수, 조명, 환기 등에 소요되는 모든 에너지를 자체로 해결할 수 있는 신재생 에너지로 충당할 수 있는 시스템까지 갖추고 있는 미래형 건물로 설계되고 있다. 에너지 해결을 위해 주택 지붕에 거대한 태양열 패널을 설치하고 녹지를 이용하여 옥상 정원을 꾸미기도 하며, 땅에 묻은 펌프로 지열을 끌어올리기도 한다. 또한 유리창은 해가 잘 드는 남향으로 넓게 설치하며 설치된 유리창도 모두 3중 구조로 되어 있어 열의 손실을 줄일 수 있다. 벽 시공 때에는 벽 안쪽으로 두툼한 단열재를 넣어 최소한의 난방으로 실내 적정 온도를 유지시킬 수 있게 하는데, 이러한 미래형 주택 방식인 제로 에너지 하우스 설계와 시공 과정은 열 전달과 관련된 과학적 지식의 이해 없이는 불가능한 일이라 생각한다.

'항아리 냉장고'를
아시나요?

요즘은 가정에 냉장고 한 대 정도는 누구나 갖추고 살고 있다. 그리고 대부분의 건물과 가정에서는 덥거나 추울 때 실내 온도를 맞추기 위해 냉·난방기를 설치하여 가동시킨다.

그 결과 전기 에너지를 과다 사용하게 되었고, 최근 들어 우리나라에서는 전기기기의 사용에 대한 절전 노력이 절실해졌다. 이처럼 현대 생활을 영위하는 데 필요한 대부분의 물건들이 전기 에너지를 활용하는 기구가 많기 때문에 전기기기의 과다 사용이 발생하게 된 것이다. 발전량이 사용량에 비하여 넉넉하지 못하게 되면 전기 에너지 절감 대책이 필요하게 되고, 이는 생활의 불편함을 초래하기도 한다. 그래도 우리나라는 어느 정도의 불편함을 감수하더라도 사정이 좋지 못한 나라들에 비해 과학 발전의 혜택을 누리면서 사는 것이 오히려 행복하다고 하겠다.

　과학이 발전함에 따라 편리하고 풍요로운 생활 혜택을 받는 사람들은 이 지구에서 아주 적은 비율에 해당한다고 한다. 실제로 지구 전체 인구의 2/3에 해당하는 사람들이 하루에 2달러 미만으로 생활하고 있다. 그 사람들에게는 우리나라에서 시행하고 있는 전기 에너지 절약 자체가 사치일 수도 있을 것이다.

그 지역에 가장 알맞은 적정 기술을 찾다

　과학의 혜택을 받지 못하는 아직 미개발 지역 사람들에게 과학적이면서도 그 지역에 알맞은 기술을 찾아내어 혜택을 줄 방법이 있다. 이러한 기술을 '적정 기술Appropriate Technology(AT)'이라고 한다. 적정 기술이란 시대와 공간적으로 가장 적합하고 현지에서 손쉽게 얻을 수 있는 재료와 작은 규모의 인원으로 생산 가능한 것을 의미한다.

　적정 기술의 예로는 나이지리아 교사인 모하메드 바 압바의 '항아리 냉장고Pot-in-Pot'가 유명하다. 아프리카의 가난한 지역에서는 냉장고가 없다. 냉장고가 있다 하더라도 전기 에너지의 공급이 원활하지 않으므로 음식물 보관에 문제가 있다. 과일이나 채소를 내다팔아서 생활비를 마련해야 하는 가난한 나이지리아 사람들에게는 압바의 '항아리 냉장고'는 엄청난 발명품이었다. 토마토나 후추의 경우에 3

모하메드 바 압바의 항아리 냉장고

일 정도 항아리에 담아두면 상해서 상품 가치가 떨어졌다. 그런데 이 항아리 냉장고를 활용하면 신선도가 21일까지 지속되었다.

이 '항아리 냉장고'의 원리는 간단하다. 큰 항아리 속에 작은 항아리를 집어넣고서 그 사이에 젖은 모래를 채운 다음에 젖은 헝겊을 뚜껑삼아 작은 항아리를 덮어놓으면 진흙으로 빚은 항아리의 단열 작용과 모래 속의 물이 증발하면서 열을 흡수하므로 안쪽 작은 항아리 안의 온도는 낮아진다. 따라서 채소나 과일의 신선도를 오랫동안 유지할 수 있다.

아프리카뿐만 아니라 몽골에서도 적정 기술이……

이 밖에도 아프리카에서 적용되는 적정 기술의 예는 오염된 물로 인하여 한 해 사망자 수가 500만 명에 달하는 사람들을 위해 발명한

Q 드럼을 끌고 가는 아프리카의 한 소년과 라이프 스트로우로 물을 마시고 있는 소년들

휴대용 물 정화 장치인 '라이프 스트로우Life Straw'가 있다. 빨대처럼 생긴 간이 정화 장치를 설치한 이 '라이프 스트로우'는 마시고자 하는 물에 담그고 빨아들이면 물이 간이 정화 장치를 통과하면서 정화가 되므로 안전하게 물을 마실 수 있다. 그리고 멀리까지 가서 식수를 길어와야 하는 사람들을 위해 운반이 편리한 'Q 드럼'이라고 부르는 도넛 모양의 이동이 편리한 물통도 좋은 예이다. 'Q 드럼'은 가운데 구멍이 뚫려 있고 타이어처럼 둥글게 생겨서 밧줄을 구멍에 엮어서 끌면 자동차 바퀴처럼 쉽게 굴러가므로 힘이 약한 아이들도 많은 양의 물을 담아 손쉽게 이동할 수 있도록 제작한 것이다. 그 밖에도 전기가 공급되지 않는 사람들을 위해 태양광 에너지를 활용한 휴대용 발전기도 있다.

한편, 우리나라의 한 전자 회사가 주도하여 제작한 태양광 충전식 빔 프로젝터인 '샤이니'가 있다. 이 '샤이니'는 말라위에 사는 소년의 소원을 들어주기 위한 일로부터 출발하여 만들게 된 적정 기술의 한 예이다. 적은 비용으로 제작 가능하게 만들어진 제품으로 충전도 태

몽골의 축열식 난방 장치 G-Saver

양광으로 할 수 있으며 어디서나 영화나 동영상을 쉽게 관람할 수 있어 영상 문화를 접하기 어려운 아프리카 사람들에게는 매우 유용하게 활용할 수 있다.

또한 우리와 가까운 이웃인 몽골에서도 우리의 적정 기술이 각광을 받았다. 지금도 몽골의 서민들은 몽골 전통식 가옥인 게르에서 생활하고 있다. 몽골은 연중 겨울이 길고 영하 50℃까지 내려가는 혹독한 추위가 지속되는 지역이다. 그래서 난방비로 생활비의 대부분을 사용한다. 난방 방법은 게르 한가운데 난로를 설치하고 유연탄을 연료로 사용한다. 유연탄에서 나오는 매연으로 실내가 쾌적하지 못하고 열효율도 매우 낮아서 게르 안의 온기가 오래가지 못한다. 이러한 문제점을 개선할 수 있는 방법을 고안하여 'G-Saver'라는 이름으로 불리는 축열기를 개발하였다. 'G-Saver'는 우리나라 난방 방법인 온돌식 난방법에서 착안하여 열을 오랫동안 잡아둘 수 있는 진흙과 맥반석으로 만든 세라믹 제품을 넣은 축열기를 난로에 연결하는 방식이다. 이 축열기를 설치한 뒤에 난방비가 40% 정도 절감 효과가 있었고 실내 온도도 상승하고 난방 시간도 오랫동안 유지할 수 있게 되었다. 이처럼 다양한 과학 기술이 적용된 적정 기술 제품들이 어려운 사람들에게 희망을 주고 있다.

인간은 오래 전부터 이미 적정 기술을 사용하였다

적정 기술은 인간의 끊임없는 과학적인 사고와 탐구로 이미 오래 전부터 지구 곳곳에서 이용해온 기술이다.

예를 들면 덥고 건조한 서남아시아 지역에서는 주변의 흙을 이용하여 만든 흙벽돌로 집을 지었다. 흙으로 만든 벽돌로 벽을 두껍게 쌓고 천정을 높이며 창문은 꼭대기에 설치하였다. 그리고 집 안의 벽에는 적당한 높이에 호리병 모양의 물병을 걸어두었다. 바깥 기온이 40℃가 넘는 더위에도 실내 온도는 25℃ 정도로 시원한 상태를 유지할 수 있다. 그 원리는 흙벽돌이 바깥 공기를 차단하여 단열 효과가 크고 안쪽의 더운 공기는 상승하여 위쪽에 있는 창문으로 빠져나가는 것이다. 한편, 벽에 걸어놓은 호리병 속의 물은 실내의 열 에너지를 기화열(액체가 기체로 변할 때 필요한 열을 말함)로 사용하여 수증기로 변한다. 이렇게 단열 작용과 기화열을 이용하여 시원한 실내를 유지시켰다. 이런 과학적인 원리를 이용하여 무더운 사막의 건조 기후에서도 집 안의 공기를 시원하게 했다.

지구상에서 가장 추운 지역에 자리잡고 생활하는 이누이트들은 이

글루라고 부르는 집을 짓는다. 이글루의 재료는 주변에서 쉽게 구할 수 있는 눈이다. 눈을 다듬어 벽돌 모양으로 다져서 둥근 반원 모양의 집을 짓는다. 그런 다음에 이글루의 내부에서 벽 쪽에 물을 뿌려주면 그 물이 차가운 눈얼음과 만나 얼면서 응고열(액체가 고체로 변하면서 열 에너지를 내놓는데 이때의 열 에너지를 응고열이라 함)을 밖으로 내놓게 된다. 그 결과, 내부 기온이 올라가 실내가 따뜻해지는 과학적인 원리를 사용해 이글루 안의 공기를 따뜻하게 유지하였다.

오렌지 농장에서도 물의 상태 변화에 따른 열의 출입 현상을 이용하여 오렌지의 냉해를 방지한다. 오렌지를 재배하는 농가에서 날씨가 추워지면 오렌지나무에 물을 뿌려준다. 그러면 물이 얼면서 응고열을 방출하므로 오렌지가 얼지 않아서 냉해를 입지 않는다. 과학적인 원리를 자연스럽게 적용한 예라고 할 수 있다.

우리 생활 자체가 과학이다.

겨울 날 눈이 내리면 다른 날보다 다소 포근함을 느낀다. 눈이 오기 때문에 정서적으로 따뜻함을 느끼는 것일까? 아니다. 실제로 눈이 내리는 날은 눈이 오지 않는 날보다 기온이 올라간다. 왜냐하면 물의 상태 변화에 따른 열 방출 때문이다. 기온이 낮아 공기 중의 물방울이 얼음으로 바뀌면서 응고열을 방출하기 때문이다.

이처럼 과학은 늘 우리 옆에서 다양한 방법으로 삶에 깊숙이 들어와 있으며, 세계 구석구석에서 활용 가치가 높은 적정 기술도 그 밑바탕에는 과학이 숨어 있음을 알 수 있다. 우리도 창의성을 발휘해 우리의 생활에 알맞은 적정 기술로 이용할 수 있는 과학적인 아이디어를 찾아 부족한 에너지를 보충할 방법을 모색해보자.

'온돌'에 담긴
조상의 지혜

추운 겨울이 되면 어릴 적 동생들과 방에서 장난을 치고 뛰어다니며 놀던 기억이 생생하다. 엄마는 그때마다 "뛰지 마라! 구들장 깨진다."라며 꾸지람을 하시곤 했다.

우리 조상들은 오래 전부터 주택 난방 방법으로 온돌을 이용하여 난방을 해왔다. 암석을 적당한 두께로 잘라 판판하게 만들어 구들로 깔아 난방을 하는 온돌 난방법이다. 그러니 방바닥에 강한 충격을 주면 구들장이 깨질 수도 있다. 추운 겨울이면 구들장이 깨질 만큼 방 안에서 뛰어놀던 추억과 함께 조상들의 지혜가 떠오른다.

우리나라는 삼 면이 바다로 둘러싸여 있지만, 위도상 편서풍 지대에 속한다. 서쪽에 위치한 대륙의 영향을 많이 받아 기후도 해양성이 아닌 대륙성 기후가 지배적인 지역이다. 그래서 여름에는 무덥고 습

취사

난방

구들장

부뚜막

온돌바닥

굴뚝

아궁이

재아궁이 부넘기 두둑 고래 굄돌 바람막이 개자리

온돌의 구조와 명칭

도가 높으며 겨울은 건조하고 혹독하게 춥다. 특히 바람의 영향이 커서 겨울에는 시베리아 대륙에서 형성되는 강한 한랭 고기압의 영향으로 차가운 북서 계절풍이 분다.

이런 기후 탓에 우리나라 사람들은 추운 겨울을 보내야 했고, 추위를 이겨내고자 난방 방법이 발달했다. 건조하고 몹시 추운 겨울에 온돌 난방법으로 추위를 이기고 따뜻하게 지내는 지혜를 발휘했다. 그것은 바로 한옥의 온돌 난방이다. 온돌의 순 우리말은 '구들'이다. 구들의 의미는 구운 돌에서 유래한다.

지금도 우리나라는 현대식 주택이나 아파트를 짓는 과정에서도 난방만은 아직도 전통 온돌 난방법의 특징인 바닥을 따뜻하게 덥혀 실내 온도를 높여주는 난방법을 사용한다. 즉 바닥에 구들 대신에 파이프를 깔고서 그 파이프 안으로 데워진 물을 통과시켜 바닥을 덥히는 난방 방식을 이용하고 있다.

현대를 살아가는 우리나라 사람들은 서구식 주택의 편리성 때문에 대부분 한옥보다는 서구식 주택을 선호하게 되었다. 그리고 주택을 개조하거나 신축할 때는 대부분 서구식 구조와 형태를 갖춘다. 하지만 아무리 서구식 주택이나 아파트를 건축하더라도 난방법만은 바닥 난방법을 고수한다. 그리고 서구식 주택에서 신발을 신고 생활하는 편리성을 절대로 따라하지 않는다. 반드시 실내에서는 신발을 벗고 생활한다. 신발을 과감하게 벗고, 심지어는 양말도 벗고 생활할 수 있는 것은 발바닥에 따뜻함이 느껴지는 바닥 난방법 때문이다.

이웃 나라 일본도 우리처럼 실내에서 신발을 벗고 생활한다. 하지만 바닥에 난방을 하지 않고 화로를 이용해 난방을 했다. 그러므로 발에 양말(또는 버선)을 반드시 신어 보온을 해야 했다. 하지만 우리 나라는 바닥이 따뜻해 실내에서 신발만이 아니라 양말조차 신지 않고 지낼 수 있었다.

온돌 난방은 세계적으로도 유례가 없는 과학적인 난방법이다. 아울러 온돌은 아주 경제적인 난방법이기도 하다. 서양의 벽난로는 전체 열량 중에서 약 20% 정도만 방 안으로 전달된다. 그리고 벽난로 난방에서 가장 큰 단점은 난방을 할 때마다 연기가 방 안으로 퍼져서 공기가 오염되고 사람에게 매번 피해를 주게 된다는 것이다. 이에 비해 온돌은 바닥에 깔아놓은 구들에 열을 오랫동안 저장해서 제공할 수 있다. 연기가 방으로 들어오지도 않을 뿐더러, 심지어 구들을 잘 깔면 열을 며칠 동안 저장할 수도 있다. 그리고 요리와 난방을 동시에 할 수 있어 일석이조인 것이다.

한편 추운 겨울이면 벽난로 난방에 의지해야 하는 유럽의 경우에 높은 신분의 왕이나 왕비가 거주하는 방도 난방이 잘 되지 않아서 몹시 불편한 겨울을 보냈다. 그래서 추운 겨울에는 식탁 위의 물이나 포도주가 얼었다고 한다. 심지어 체온 유지를 위해 개들을 침대 속에 같이 데리고 잘 정도였다. 하지만 우리나라 사람들은 몹시 가난한 이들이라 할지라도 추운 겨울에 따뜻한 온돌방에서 편안하게 잠들 수 있었다.

우리 조상들의 과학적인 지혜의 산물

이와 같이 온돌 난방은 열의 손실을 줄이고 난방과 취사를 동시에 해결하는 방법이다. 온돌 난방에는 더워진 공기가 위로 올라가기 때문에 맨 아래에 놓인 바닥을 덥혀서 따뜻한 실내 공기가 천천히 위로 올라가게 되는 과학적 원리가 담겨 있다. 특히 온돌을 바닥에 깔아 천천히 바닥이 데워지고 방 전체로 열이 전달되게 하는 방식이었기 때문에 오랫동안 온기가 유지됐다. 그리고 열을 최대한 활용하기 위하여 난방을 시작하는 아궁이에서는 취사가 가능하게 하여 음식을 요리하는 데도 같이 활용하였다.

온돌로 사용한 암석도 매우 과학적이었다. 처음에는 주변의 잡석이나 시냇가의 돌을 주워다 사용했다. 하지만 시간이 흐르면서 화강암, 안산암 또는 편마암 같은 화성암, 변성암 류를 사용하였고 나중에는 단열 효과가 좋은 운모 류가 많이 포함된 암석을 사용해 난방의 효율을 더욱 높여 열이 빠져나가지 않도록 했다.

특히 흑운모는 온돌 재료 중 품질과 효능이 뛰어나서 왕실과 사대부가에서 고급 온돌 재료로 사용했다. 조선 궁중 의학의 경전인 『향약집성방』, 『동의보감』에서도 흑운모의 약용성이 자세히 기록되어 있다. 흑운모를 방구들로 사용하면 원적외선이 방출되어 각종 신경통, 관절염 등의 통증을 없애주는 데 적격이므로 옛날 왕실의 건강은 흑운모가 지켜준 셈이다.

이러한 온돌 난방법은 같은 아시아권인 중국이나 일본과도 차별화된 과학적인 난방법이다. 영국의 브리태니커 백과사전에도 '온돌Ondol'이라는 단어가 실려 있다. 이 사전에서는 온돌에 대하여 "아궁이에서 방바닥 밑으로 난 통로를 통해 방을 덥히는 난방"이라고 적혀 있다. 이렇게 국제적인 용어로 인정받고 있는 온돌 난방법은 우리 조상들의 지혜가 가득 담긴 난방 형태인 것이다.

독일에서도 친환경 주택을 짓는 과정에서 에너지 효율이 높고 건강에 도움이 되는 바닥 난방법을 채택하는 주택이 늘어나고 있다. 그 결과 신발을 벗고 생활하는 독일 가정이 생겨나고 있다. 신발을 벗고 생활하면 깨끗하고 쾌적한 실내 환경을 유지할 수 있다. 또한 바닥에 앉거나 누워도 따뜻한 온기로 인해 혈액 순환이 잘되어 건강에 도움이 된다. 바닥 난방을 사용하는 외국인들은 우리나라의 온돌식 바닥 난방법의 우수성을 칭찬하고 있다.

이렇게 우리는 주거 형태에서도 세계적으로 인정받는 난방법을 고안해낸 조상들 덕을 톡톡히 보고 있다. 조상들이 물려준 뛰어난 과학적 지혜와 기술을 잘 보존하고 발전시키는 일이 우리에게 남아 있는 숙제일 것이다.

대기 속에 숨어 있는 살인자, 미세 먼지

감기에 걸리지 않았는데도 마스크를 하고 거리를 지나는 사람을 종종 볼 수 있다. 그 마스크는 일반 마스크가 아니라 미세 먼지 방지용 마스크다. 좀 답답해 보이지만 어린이나 노약자에게는 이제 필수품이 됐다. 방송에서도 일기 예보를 할 때 미세 먼지 농도에 따른 경보나 주의보를 알려주는 내용이 추가됐다.

우리나라는 계절에 따른 날씨의 특징이 다양한데, 그 중 봄에는 '황사 현상'이 있다. 겨울철에는 강하게 부는 북서 계절풍의 영향으로 중국이나 몽골 대륙에서 발생하는 먼지들이 빠르게 흩어져 우리나라까지 영향을 주지 못한다. 하지만 봄이 되면서 북서 계절풍의 세력이 약화되어 대기 중에 먼지들이 잘 흩어지지 않고 우리나라까지 이동해 황사 현상으로 나타난다.

미세 먼지로 대기가 뿌옇게 흐려진 도심의 전경

그런데 봄에 일시적으로 나타나던 황사 현상이 최근에는 계절에 관계없이 수시로 나타나는 것은 물론, 암을 유발하는 등의 인체에 해로운 물질이 많이 섞여 있다. 이러한 황사에는 자연 발생적인 입자들뿐만 아니라 인위적인 활동으로 인한 아주 작은 유해성 미세 입자들이 포함되어 있다.

미세 먼지가 일으킨 죽음의 스모그

미세 먼지Particulate Matter(PM)란 크기가 $10\mu m$ 이하의 작은 입자(PM 10)다. 그보다 더 작은 초미세 먼지(PM 2.5)는 크기가 $2.5\mu m$다. 공장에서 발생하는 아황산가스나 질소 산화물, 납, 오존, 일산화탄소 등이 포함되어 있으며 자동차의 매연이나 석탄을 연소시키는 과정에서 발생한다. 미세 먼지 속에는 인위적인 입자와 토양에서 발생하는 자연 발생적인 입자들이 섞여 있다. 이 미세 먼지와 초미세 먼지는 대기를 오염시킨 채로 장기간 떠돌아다닌다.

이러한 미세 먼지로 인해 큰 피해를 본 사례는 1950년대에 영국의 런던 스모그와 미국의 LA 스모그가 대표적이다.

영국 런던의 테임즈 강 유역에는 발전소, 제철소 및 여러 공장이 들어서고 활발하게 가동되었다. 영국을 중심으로 산업 혁명이 일어나면서 공업이 발달하고 인구가 증가하였다. 그 결과 석탄 사용량이 급증했다. 석탄의 연소 과정에서 발생한 아황산가스가 대기 중의 안개 입자와 섞여 유해한 입자가 만들어졌다. 석탄 분진의 촉매 작용으로 인해 황산 안개가 만들어지면서 피해가 커졌다.

런던 스모그 사건을 살펴보면 1952년 12월 5일부터 9일까지 런던 상공의 대기는 흐름이 거의 일어나지 않는 '대기 역전층'(지표면 부근 공기가 심하게 냉각되어 대류가 생기지 않는 층)으로 형성되었다. 그 결과 런던에서 사망자가 2주 만에 4000여 명에 이르는 공포의 나날을 보냈다. 특히 유아와 45세 이상의 사람들이 피해를 많이 입었다. 그리고 만성 기관지염이나 천식 환자들의 피해가 더욱 컸다. 이러한 대기 오염의 발생 원인은 주로 가정 난방용 석탄과 화력 발전소의 매연으로, 아황산가스가 안개 입자와 결합하여 황산 형태로 변하였기 때문인 것으로 추정하였다.

영국은 이 사건을 겪은 뒤에 대기 오염 사건에 대처하기 위하여 1956년에 청정 공기법Clean Air Act을 제정하였다. 그리고 특정 지역에서의 석탄 사용을 금지하였으며 점진적으로 연료를 천연 가스로 대체하는 노력을 기울였다.

또한 미국 LA 스모그의 경우에는 처음에는 런던 스모그와 같은 이산화황에 의한 것으로 생각하였다. 하지만 자동차 배출 가스가 주된 원인임을 알아냈다. 1940년대부터 식물에서 피해가 나타나기 시작했고 1950년대에 이르러서는 사람의 눈, 호흡기, 폐의 점막 등에 자극을 주었다. 1949년에 캘리포니아 공과대학 하겐쉬미트 박사는 LA 스모그가 햇빛과 오염 물질에 의한 광화학 스모그임을 밝혀냈다. 대기 중에 오존 농도가 높아지고 햇빛에 의한 광화학 작용으로 생성되는 2차 오염 물질에 의한 피해가 심해 광화학 스모그라고 부른다.

LA 지역은 지리적으로 서쪽이 태평양 연해에 있는 분지로 이루어져 있다. 기상 조건도 연간 평균 풍속이 2.8m/s이다. 북태평양 동쪽에 존재하는 고기압으로 인하여 여름과 가을에는 항상 대기가 하강하는 침강성 역전층이 형성된다. 이러한 대기 상태 때문에 도시에서 발생한 오염 물질이 상공으로 확산되지 못하고 지표 가까이 머무르게 된다. 그 결과 햇빛이 강해지면 광화학 반응을 일으켜 스모그를 만들게 되는 것이다.

이 지역에서 발생한 스모그로 인해 1954년부터 LA 시민들의 눈, 코, 기도, 폐 등의 점막에 자극을 일으키고, 사람들은 일상생활에서 불쾌감을 호소하였다. 가축 및 농작물의 피해뿐 아니라, 고무 제품의 노화 등 재산상의 피해도 크게 나타났다. 1979년 가을에는 주민 83%가 육체적으로 불쾌하거나 건강에 대한 불안을 호소하였다. 조사에 의하면 주민의 57%는 눈에 통증과 자극을 느꼈고, 4명 중 1명

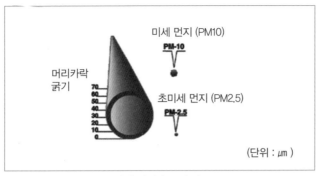

미세 먼지의 크기 비교

은 두통, 호흡기 자극, 인후염증을 호소하였다.

황사에 섞여오는 살인자 퇴치 방법

지금 우리에게도 중국에서 발생하는 미세 먼지가 편서풍(북반구 중위도 지역에서 일어나는 대기 대순환의 형태로 서쪽에서 동쪽으로의 대기 흐름)의 영향으로 우리나라 상공에까지 날아와 오랫동안 대기 중에 머물며 피해를 주고 있다. 이는 중국의 경제 성장과 더불어 석탄 사용이 급증하고, 공업 시설이 증가하면서 심해지고 있기 때문이다. 중국과 이웃하고 있으며 대기의 대순환 과정에서 북반구 중위도에 위치한 지리적인 여건 때문에 중국에서 발생한 미세 먼지들이 편서풍을 타고 우리나라까지 악영향을 주고 있는데, 특히 몽골 사막에서 불어오는 미세 먼지도 적지 않은 영향을 주고 있다. 미세 먼지의 유입

황사의 발원지가 되는 사막 전경

을 감소시키기 위해서 우리나라의 기업과 삼림 전문가 단체가 나서서 몽골 사막에 나무 심기를 추진하였으며, 그 결과 지금은 나무가 제법 자라서 성과를 조금씩 나타내고 있다. 매년 많은 양의 나무 심기를 추진하였고, 약 10년 전에 심은 소나무가 지금은 어느 정도 자라서 불어오는 모래 바람을 막아주는 역할을 하고 있다고 한다. 이렇게 황사 발생 예방 정책과 노력이 절실히 요구되는 때이다.

유럽 연합EU의 경우에는 인접 국가 사이에 대기 중 미세 먼지 배출량을 규제하여 주변국들에 피해가 가지 않도록 협약을 맺고 피해국에는 보상을 해주고 있다. 우리나라도 중국과 미세 먼지에 관하여 다양한 방법으로 배출량을 규제하고 피해 보상에 대한 적극적인 협약을 이끌어내야 한다.

그리고 과학적으로 미세 먼지를 줄일 방법을 적극적으로 찾아 실천해야 한다. 공사 현장에서의 분진 발생 방지, 자동차 매연 가스 배출 감소, 저공해 및 무공해 자동차의 상용화를 위한 끊임없는 기술 개발, 효율적인 공기 정화 및 청정 장치 개발 등 과학 기술을 활용해

적절한 대책을 마련해야 한다.

　지구를 둘러싸고 있는 대기는 인류를 비롯한 모든 생명체에게 반드시 필요한 물질이다. 단 몇 분만 공기가 공급되지 않아도 생명을 잃게 되는 소중한 존재이므로 깨끗하게 유지하고 사용해야 한다.

　앞으로는 미세 먼지 농도에 대한 예보에 귀를 기울여야 한다. 농도가 높은 경우에는 외출을 자제하거나 마스크를 착용해야 한다. 코로 직접 들어갈 경우에 코털과 코의 점막에서 걸러지지 않고 폐 깊숙이 들어가 폐 질환은 물론, 각종 암에 노출될 수 있다. 따라서 효과적으로 미세 먼지를 차단하는 기능을 가진 마스크 제작 기술은 물론, 대기 정화 프로젝트에 더 많은 관심과 실천이 필요할 때이다.

2

과학!—상식 밖에서 찾다

'마른 하늘에 날벼락'으로
조상이 준 선물

여름의 끝 무렵에 일어난 아찔하고 위험한 순간의 벼락 이야기를 하려고 한다. 아주 오랫만에 고향의 작은 산 중턱에 있는 조상의 묘에 들렸다. 묘의 상태도 살펴보고 조상님께 절이나 하고 서울로 올라가려는 생각이었다.

차를 언덕에서 얼마 안 떨어진 길가에 세워두고서 묘지까지 걸어가는데, 하늘이 어두워지더니 번개와 천둥이 친다. 하늘을 쳐다보니 금새 소나기가 쏟아질 태세다. 얼른 올라갔다와야지 하는 생각으로 묘지까지 빠른 걸음으로 올라가 간단히 절을 한 뒤에 길게 늘어진 풀을 몇 포기 뽑고 있는데, 아니나 다를까 천둥은 더 크게 들리고 빗방울이 조금씩 떨어지기 시작하였다. 지나가는 소나기려니 하고 큰 나무 밑으로 갔다가 더 있으면 비를 흠뻑 맞을 것 같아 차에 가서 비가 멈출 때까지 잠시 기다렸다가 비가 그치면 다시 오리라는 생각으로 차 있는 데까지 뛰어갔다. 빗줄기는 점점 더 굵어지고……. 차에 도착하여 안으로 막 들어가 앉았는데, 조금 전 뛰어왔던 길가 옆의 나무가 갑자기 불타오른다. 물론 엄청난 천둥소리가 귀를 찢는 듯이 크다.

아! 벼락이다. 이것이 벼락이구나……. 나는 순간 정말 두려웠고 너무나 무서웠다. 계속되는 번개와 천둥소리는 바로 내 자동차 앞에서 일어나고 있었고, 곧 자동차에도 벼락이 덮치는 듯 위험이 닥쳐왔으며 문을 박차고 나가 다른 곳으로 숨고 싶은 강한 욕구가 있었지만, 자동차가 더 안전하다는 순간적인 생각이 나를 차 속에서 웅크리고 있게 하였다.

한참을 그렇게 공포에 떨며 보냈는데, 어느덧 비는 그치고 천둥과 번개는 사라졌다. 차 문을 열고 나와보니 차에는 이상이 없었고 저만치 나무가 불타서 넘어졌는데 거의 타다 남은 일부만 보였다.

아! 이런 경험을 하다니……. 참으로 기막힌 현장을 보았다. 그동안 뉴스나 또는 말로만 들었던 낙뢰 사고가 바로 이런 것이구나……. '마른 하늘에 날벼락'이라는 속담이 현실로 내 눈 앞에 나타난 것이다.

차 속이 안전한 이유

차 속이 안전했던 이유를 생각해보자. 평소 야외에서 번개가 칠 때 사고를 당하지 않으려면 끝이 뾰족한 철 막대가 있는 우산을 쓰

번개 칠 때 자동차의 겉 표면에만 음전하가 분포되어 있으며 바퀴를 통해 땅 속으로 흘러간다. 이때 자동차 내부는 전기장이 0인 상태가 되어 안전하다.

지 말아야 하고, 차가 있으면 차 속은 안전하다고 하는 것이 과학 상식이다. 그러나 차 속에서 뛰쳐나오고 싶었던 그 순간은, 아마 보지 않고 느끼지 않은 사람은 모를 것이다. 아무리 과학 상식으로 차 속이 안전하다고 알고 있다 해도 바로 차 앞에서 일어나는 낙뢰와 불타오르는 나무가 보이는 현장에서 '차 속이라고 안전하랴'라는 순간의 생각을 안 한다는 것은 있을 수 없다. 누구라도 차에서 뛰쳐나오고 싶었을 것이다.

그러나 차 속이 안전하다는 나의 더 강한 과학적인 생각이 결국 나를 안전하게 보호해준 것이다.

'전기장 차폐 효과'라고 하는 현상은 자동차 속은 유리 부분을 제외하고는 대부분 금속으로 둘러싸여 있어 금속으로 둘러싸인 안쪽은 바깥쪽에 가해지는 전기장에 전혀 영향을 받지 않는다는 이론이다. 즉 전기장 차폐 효과로 차 내부는 전기장이 제로(0)인 상태가 되어 안전하게 살아남을 수 있다고 한다.

그때의 상황은 아마 번개가 나무를 비롯해서 금속인 차에까지 도달하였을 것이고, 금속으로 둘러싸인 자동차 차체에 순간적으로 흐르는 전기는 자동차 바퀴를 통해서 땅으로 흘러가버렸기 때문에 차 안의 사람이 결국 안전하게 살아남은 것이 아니겠는가?

하마터면 죽을 수 있었던 상황, 죽었다 다시 살아난 것 같은 생각이다. 그때 일만 생각하면 소름이 끼치기도 하지만, 한편으로는 웃음이 나오기도 한다.

2006년 7월에 중국에서는 '벼락 맞아 죽은' 사람이 한 달 동안 82명에 달한다는 보도를 신문에서 본 적이 있다. 중국 상무부가 발행하는 『인터내셔널 비즈니스 데일리』라는 신문의 내용, 즉 중국 전역에서 한 달 동안 총 82명이 벼락을 맞아 사망했다고 보도한 내용을 인용하여 국내 신문(뉴시스)에서 뉴스로 내보낸 것이다. 주요 사망 원인은 번개 차단기기의 보급 부족과 사전 정보 등의 부족이라고 신문은 전했는데, 아마도 피뢰침을 설치하지 않았거나 과학적인 소양이 부족하여 야외에서 나무 밑이나 또는 구덩이 속에 숨어 얼굴만 위로 올렸을 경우, 아니면 우산을 쓰고 가다가 변을 당한 경우, 그리고 차 속에 있다가 차가 위험하다고 생각하여 차에서 뛰쳐나와 사고를 당한 경우 등이 포함된다고 생각하니 평소의 과학적인 생각과 생활이 얼마나 중요한지 새삼 느껴진다.

날벼락 이야기를 주변 사람들에게 들려주면 다시는 여름에 산소에 가지 말라고 신신당부한다. 어쩌다 한 번 가는 날이었는데 공교

롭게도 천둥 번개가 치는 날이었으니 자신도 모르게 우연히 경험한 아찔한 사건이다.

이 사건을 통해 자녀들이나 학생들에게 벼락이 생기는 원인을 상세하게 설명해주는 계기가 되었으며 친구들이나 가족들에게는 전쟁터에서 위험한 난관을 헤쳐나온 장군처럼 귀중한 경험담을 들려주곤 하는 스토리텔링 거리가 되었다.

번개와 벼락 그리고 천둥소리

음극(-)과 양극(+)으로 심하게 대전된 구름과 땅 사이에 방전이 일어나는 전기적인 현상을 벼락(낙뢰)이라고 하며, 구름과 구름 사이에도 플러스(+), 마이너스(-) 전기가 축적되어 대전된 구름 사이에 방전이 되는 것을 번개라고 한다. 구름과 구름 사이, 구름과 땅 사이의 전압이 높아지면 극히 짧은 시간 동안 전류가 흐르게 되고, 빠르게 진행하는 전기의 전파살이 공기를 통과하면서 소리의 속도보다 더 빠르기 때문에 요란한 천둥소리가 함께 나는 것이다.

천둥소리는 번개가 치고 얼마 뒤에 들리는데, 이것은 빛의 속도(약 1초에 30만km 진행)보다 소리의 속도가 느리기 때문에 우리 귀에까지 전달되는 과정에서 나타난다.

이러한 번개와 천둥은 18세기에 미국의 과학자 벤자민 프랭클린 Benjamin Franklin(미국 건국의 아버지 중 한 명이며 '미국 독립 선언문'을 기

구름간 방전

벼락

피뢰침

초한 정치가이며 과학자)에 의해 '전기적인 현상'이라는 것이 밝혀졌으며 두려움의 대상이었던 번개가 과학으로 정복되었다. 따라서 지붕이나 옥상 등 벼락이 치기 쉬운 높은 곳에 벼락을 유도하도록 인공적으로 전기 꼭지점을 만들어주는 것이 피뢰침이며, 전기가 많이 모인 구름으로부터 전기를 조금씩 빼앗아서 벼락을 방지하는 것이 과학 상식이다.

그렇다.

참으로 우연한 기회에 벼락이라는 자연 현상을 체험한 것이고 그

것으로 번개와 천둥에 대해 더 깊이 알게 되었으며, 이런 기회를 통해 과학을 다시 한번 더 깊이 생각해보는 시간을 가졌다는 것은 어쩌면 큰 행운이라고 할 수 있다.

조상님이 주신 선물

한편, 그 벼락치는 현장에서 덤으로 얻은 선물이 있다.

벼락이 멈춘 뒤에 안도의 한숨을 쉬면서 차에서 내려 불이 타다가 꺼진 나무에 가까이 간 나는 벼락 맞은 나무를 자세히 보면서 보통 사람들 입에 오르내리는 말, "벼락 맞은 나무, 그것도 대추나무에 자기 이름을 새기면 그 도장이 행운을 가져다준다. 그 도장이야말로 최고의 도장이다."라는 말이 떠올랐다.

그래서 타다 남은 나무의 일부를 집으로 가져와 신주 단지처럼 잘 모셔두었다. 나중에 도장으로 사용해볼 생각이지만, 어쩌면 아주 비과학적인 말이 전해 내려오고 있다는 판단이 든다.

아마도 그 말은 벼락 맞은 대추나무가 귀하기 때문에 생겨난 말일 것이고, 더욱이 대추나무가 단단하니까 도장을 파서 활용하면 오래 간다는 특성 때문이 아닐까? 필자가 잘 모셔둔 그 벼락 맞은 나무도 대추나무인 것은 사실이다.

조상님 덕분에 귀중한 벼락 맞은 나무를 얻었고 또한 전쟁의 무용담처럼 재미있는 이야기거리가 생긴 것은 물론, 과학을 하는 사람으로서의 자긍심과 더 깊이 있게 자연 현상을 탐구해보고 싶은 생각을 갖게 하는 것이야말로 무엇보다도 소중한 소득이며 조상님의 선물이라 생각한다.

특히 번개와 날벼락을 통해 자동차 속의 전기 차폐 현상을 직접 체험하고 얻게 된 가장 중요한 교훈은 평소의 과학적인 생각이나 공부가 생활 속에서 어떤 위험한 상황에 놓이게 되었을 때 순간적으로 아주 과학적인 판단을 하도록 작용한다는 것을 깨달은 것이다.

그렇다. 과학의 생활화, 생활의 과학화야말로 편리함은 물론 안전까지 책임져주고 과학을 탐구하는 이유도 바로 여기에 있는 것이 아닐까?

세상이 뒤 틀리는
과학 오개념

보통 많은 사람들은 주전자에서 물이 끓을 때 주전자 입구로 올라오는 하얀 김을 보고서 액체인 물이 기체 상태인 수증기로 변한 것이라고 생각한다. 이건 옳은 생각일까? 물론 아니다. 물이 끓으면서 기체인 수증기로 변하였다가 주전자 밖으로 나오면서 상대적으로 찬 주변의 온도에 의해 다시 아주 작은 물방울로 변한 액체 상태를 김이라 한다. 입으로 하~ 하고 불면 나오는 입김도 마찬가지이다. 수증기는 무색무취의 상태로 눈에 보이지 않는다.

이렇듯 일반적으로 과학자들이 자연을 설명하는 개념과는 다른 잘못된 개념을 오개념誤概念misconception이라 한다. 그럼 오개념은 어떻게 형성되는 것일까?

학생들은 학교에서 또는 가정에서 학습의 주제와 관련된 개념을 여러 경험을 통하여 이미 갖고 있으며, 학생들이 나름대로 갖고 있는 개념을 선개념先槪念preconception이라 한다. 이 선개념은 과학적으로 바른 개념일 수도 있고, 틀린 개념일 수도 있다. 이때 학생들이 학습하는 과정에서 선개념과 상호작용을 통하여 자신의 개념을 구성하게 되는데, 학습이 이루어진 뒤에 올바른 개념으로 발전하여 형성되는 것도 있으나, 학습 뒤에도 자신의 인지 구조 속에 잘못된 개념으로 형성되어 변하지 않는 개념으로 굳혀지는 경우가 있다.

선개념이 바르지 못한 오개념으로 인지 구조 속에 굳혀지면 학년이 높아지면서 배우는 다른 개념 학습을 방해하는 요소로 작용하게 될 수도 있으며, 딱딱하게 굳어버린 오개념은 여간해서 깨뜨리기도 쉽지 않다. 따라서 학습의 효과는 어떤 선개념을 갖고 있느냐에 따라 크게 차이가 날 수 있다.

오개념이 만들어지는 원인

그렇다면 이런 오개념은 어떤 원인에 의해 나타나게 되는 것일까?

오개념을 연구한 학자들에 의하면 눈에 보이는 현상만 생각하거나, 일상 용어와 과학의 용어를 정확하게 이해하지 못하고 혼용하면서 사용하거나, 주변의 잘못된 정보를 접하거나, 추상적인 과학의 이론을 이해하지 못한 경우, 그리고 과학의 법칙에서 예외 상황을 파악하지 못하는 경우에 오개념이 형성된다는 것이다.

예컨대 잘못된 정보로 인해 오개념을 갖게 되는 경우로서 학생들

우주 정거장에서 연료 공급 중 폭발이 발생하는 모습.
우주에는 산소가 없어서 물체가 탈 수 없다.

이 접하는 교과서나 과학 도서에서 비롯될 수 있다. 과학 교육자들이 만들어 제공한 교과서와 과학 관련 책들의 설명이 학생들의 지식 체계로는 쉽게 받아들여지지 않을 수 있으며, 과학 교육자들의 의도와는 다르게 학생들이 받아들일 수 있다.

또한 영화를 통해 잘못된 개념을 접할 수도 있다. 〈아마겟돈〉이라는 영화에서는 우주선이 불시착 이후에 산소가 없는 우주 공간인데도 불에 타고 있다. 영화 감독도 학교에서 연소에 관한 내용을 분명히 배웠음에도 실생활에서 제대로 적용하지 못하고 있다는 증거이다. 물론 영화의 줄거리 이해를 쉽게 하거나 극적 효과를 내려고 하였거나 단순한 실수일 수도 있다. 하지만 영화를 보는 관객들은 아무런 생각 없이 이를 받아들이면서 자신도 모르는 사이에 연소의 조건(물체, 산소, 발화점)을 무시하고 우주 공간에서도 물체가 불에 탄다는 오개념을 갖게 될 수 있다.

아주 쉬운 과학이지만 어린이들이 갖고 있는 오개념들을 열거하면 다양하다. 책상 위에 놓여 있는 책을 볼 수 있는 이유를 물으면, 일부 아이들은 눈에서 빛이 나와 책으로 가기 때문이라고 대답하거나 빛 또는 빛 물질이 책에서 나와 눈에 도달하기 때문이라고 대답한다. 슈퍼맨은 눈에서 투시 광선이 나와 물체를 투시하여 볼 수 있고, 미키마우스는 불을 껐을 때 눈에서 빛이 나와 물체를 보게 된다는 생각, 즉 오개념이 영화를 통해서 자연스럽게 형성되어간다.

그리고 연구에 의하면 교사들이 갖고 있는 오개념에 의하거나, 학습 내용에 대한 바르지 못한 설명으로 수업 시간에 학생들의 오개념이 더욱 확산되기도 한다는 것이다. 따라서 과학을 가르치는 교사들은 자신의 수업 사례를 되돌아볼 필요가 있다.

오개념의 다양한 사례

학생들이나 어른들 모두 일반적으로 갖고 있는 오개념은 수없이 많다. 예를 들면 '물체 사이에 접촉하는 면적이 넓으면 마찰력이 클 것이다'라고 생각하는 것은 오개념이다. 즉 자동차 타이어 매매장에 가면 거의 모든 사람이 '광폭 타이어가 마찰력이 크다'는 말을 믿고 있는데, 물체와 바닥면 사이에서 접촉면의 넓이에 따른 마찰력은 접촉면과는 상관없이 동일하다는 것이 정확한 과학 개념이다. 물론 도로의 다양한 상황이 마찰력에 미치는 요인으로 작용할 때는 다르지

위로 던진 물체가 위로 올라갈 때, 맨 꼭대기에 올라갔을 때, 내려올 때
힘의 방향은 어느 방향인가? 그리고 가속도의 방향은 어느 방향인가?

만…….

또한 추운 겨울날 운동장에 있는 철봉을 손으로 잡으면 차갑게 느
껴지는데, 철봉에서 내 손으로 차가운 냉기가 전해져오기 때문이라
고 생각한다. 이것 역시 오개념이다. 열은 고온에서 저온으로만 흐르
며 저온에서 고온으로는 흐르지 않는다. 같은 겨울날 운동장에 있는
나무막대와 쇠막대 철봉을 만질 때 철봉을 잡은 손이 더 차갑게 느껴
지는 과학적인 이유는 쇠막대인 철봉의 열전도율이 크고 손에서 열
이 빠르게 철봉으로 전도되면서 나무 막대보다 손의 열이 철봉으로
더 많이 빼앗기기 때문이다.

그리고 작은 공이나 물체를 위로 던져올리며 다시 떨어질 때 놓치
지 않고 받는 놀이를 하는 경험을 갖고 있는가? 이때 힘이 어느 방향
으로 작용하느냐를 놓고 설명해보라고 하면 많은 사람들이 위로 올
라갈 때는 힘이 위로 작용하고, 맨 꼭대기에서는 힘이 제로(0)이고,
다시 내려올 때는 힘이 아래로 작용한다고 한다. 그런데 이것 역시

오개념이다. 위로 던져진 물체는 공기의 저항을 무시할 경우에 올라가는 동안이나 맨 위에서나 내려올 때 모두 지구 중심 방향인 아래로 중력을 받게 되며 위로 올라갈 때는 점점 속도가 줄어들고 내려올 때는 점점 속도가 증가하게 된다.

좀 더 심화된 질문을 해보자.

위로 던진 물체의 운동에서 가속도는 어느 방향으로 나타나는가? 고등학교에서 물리 교과를 공부한 학생들의 대답은 '힘의 방향과 가속도의 방향은 언제나 같다'는 사실은 알지만, 앞의 예와 같이 힘의 방향을 잘못 생각하였으므로 결국 가속도의 방향을 틀리게 말하는 경우가 많다. 즉 올라갈 때의 가속도는 위 방향, 맨 꼭대기에서는 가속도가 없다. 그리고 내려올 때는 아랫방향이 가속도의 방향이라고 대답한다. 물론 정확한 개념은 올라갈 때나 내려올 때나 맨 꼭대기에서나 모두 중력의 방향인 아래쪽으로 중력 가속도가 나타난다고 대답해야 한다.

학생들은 경험적으로 물체가 움직이는 방향을 속도의 방향이라 생각하며, 눈으로 관찰하는 것을 속도의 방향으로 쉽게 인정한다. 그러나 가속도는 물체의 속도가 증가하는 경우에는 물체의 운동 방향과 같지만 물체의 속도가 점점 줄어드는 경우에는 물체의 운동 방향과 반대로 나타나게 된다.

이처럼 과학의 오개념은 언제 어디서나 얻어질 수 있다. 교과서에서 얻어지기도 하고, 수업 시간에 선생님의 설명이나 유명한 교수님의 방송 내용에도 오개념은 있을 수 있다.

오개념은 깨뜨리기도 쉽지 않으며, 점점 더 잘못된 생각으로 확산되는 경우가 있다. 따라서 어릴 때부터 오개념에서 탈출하려는 노력이 필요하다. 교사들이나 학부모들은 학생들이 잘못된 개념을 갖지 않도록 해야 하고, 정확하고 바른 개념을 심어주어야 한다. 일단 형성된 오개념에 대해서는 인지 갈등을 일으켜 개념 변화를 가져오도록 방법을 강구하고, 학생의 입장에서 보다 효과적인 방법이나 상황을 찾아 갈등의 해소에 주력하여야 한다.

보다 확실한 오개념 방지 대책은 호기심을 갖고서 철저한 탐구 과정을 통해 새로운 개념을 얻는 것이다. 그러나 모든 과학 개념을 실험을 통해 확인하기는 어려우므로 좋은 책을 선정하여 읽거나 의문이 생기면 혼자 결론을 내기보다는 그 분야의 전문가에게 자문을 구해보는 것이 좋다. 좋은 책을 구하기 위해서는 출판사를 보거나, 지은이를 보는 방법, 읽어보면서 구성 내용을 살피는 방법 등이 있다.

오개념이 호두껍질처럼 단단하게 굳어지면 깨뜨리기에 너무 늦어 아름다운 과학 세상을 모른 채로 뒤 틀린 세상 속에서 일생을 살게 되는 우를 범하게 된다.

장자의 우화에서 찾아낸
노벨상

　최근 사회적으로 창조 경제 또는 창의 인재와 관련하여 가장 두드러진 이슈는 뭐니뭐니해도 '융합'이라는 키워드다. 학교에서도 교사나 학생 모두 융합 교육 또는 STEAM 융합 인재 교육이라는 용어를 모르면 시대에 뒤떨어진 사람 취급을 받을 정도니, 융합이 얼마나 강력하게 교육을 이끌고 있는지 짐작이 간다.

　역사적으로 융합의 대가들을 살펴보면 수없이 많다. 레오나르도 다 빈치를 비롯해 스티브 잡스에 이르기까지 우리가 배우고 본받아야 할 학자들은 많다. 그런데 그 중에서 필자는 약 25년 전에 어느 과학의 날 행사에서 들은 일본의 과학자 유카와 히데키Yukawa Hideki에 대한 이야기를 바탕으로 융합에 대한 기발한 생각과 창의성을 살펴보고자 한다.

장자 이야기의 '혼돈사칠규'에 나오는 '혼돈'의 모습

일본 최초로 노벨 물리학상을 받은 유카와 히데키 박사는 그의 수필집 『旅人(나그네)』에서 노벨상을 받게 된 중간자 원리를 발견한 동기를 이렇게 말하고 있다.

"나는 네 살 때부터 외할아버지로부터 사서(四書: 논어論語, 맹자孟子, 대학大學, 중용中庸)와 효경孝經, 사기史記 등을 뜻도 모르고 완전 암기식으로 배웠고, 그 덕택에 중학교 때는 노자, 장자와 당나라 시를 애독하게 되었다. 미국에 건너가 물리학을 연구하면서 어느 날 잠을 못 이루다가 문득 어렸을 때 외웠던 이백李白의 시가 떠올랐다. '천지天地는 만물萬物의 숙소宿所이고, 광음光陰은 백대百代의 과객過客이다.' 이 시에서 나는 시공時空과 소립자素粒子의 상호 규정이 서로 밀접하게 연계되어 있다는 생각이 번쩍 머리를 스쳤고, 그것이 노벨 물리학상을 받게 된 중간자 원리 발견의 동기이다."

또한 유가와 히데키 박사는 '장자의 우화'에서 중간자 가설의 뿌리를 찾아냈다고 하는데, 바로 장자의 〈응제편〉에 나오는 '혼돈사칠규

渾沌死七竅'라는 이야기로 내용은 다음과 같다.

"남해의 임금 숙儵과 북해의 임금 홀忽이 중앙의 임금 혼돈混沌의 땅을 찾아가 융숭한 대접을 받았다. 이들 두 임금은 그 대접에 보답하기 위해 상의했다. '사람에게는 모두 7개의 구멍이 있어 보고, 듣고, 먹고, 숨을 쉬는데 혼돈에는 그것이 없으므로 구멍을 뚫어주자.' 그리하여 이 두 사람은 매일 혼돈의 얼굴에 하나씩 구멍을 뚫어주었다. 그런데 7일째 마지막 구멍을 뚫자 혼돈은 죽고 말았다."

이 이야기에서 남해란 밝은 세상, 북해는 어두운 세상을 말하는데 서로 상반되는 상대를 일컫는 것이다. 즉 숙은 재빠르게 나타나는 것이며 홀은 재빠르게 사라지는 출몰의 상태를 나타내는 것이다. 그리고 중앙은 상대를 초월한 절대의 경지를 뜻하고, 혼돈은 아직 미분화된 상태를 표현하고 있다는 해석이다.

'장자'에는 원자핵의 과학이 들어 있다

우주를 이루고 있는 모든 물질은 원자란 것들로 구성되어 있고 원자의 중심은 원자핵인데, 이 원자핵 안에서 일어나고 있는 현상을 과학적으로 설명하는 것이 1930년대 당시에는 쉽지 않았다. 물리학계에서는 양전기를 띤 입자(또는 알갱이), 즉 양성자들이 어떻게 그렇게 좁은 원사핵 안에 모여 있을 수 있는지에 대해 갑론을박 여러 주장을 하고 있었다. 즉 과학자들은 원자핵 속의 양성자들이 양전기를 띠고

서로 미는 척력이 작용하고 있음에도 원자핵이 폭발하여 깨지지 않는 것을 설명할 수 있는 답을 찾고 있었다.

이때 유카와 히데키는 바로 장자 이야기에 비추어서 그 답을 찾았다는 것이다.

원자핵 안에는 알갱이들이 득실거리며 쉴 새 없이 공받기 놀이를 하고 있으며, 이것은 마치 야구 시합을 하기 전에 선수들이 여기저기서 소리를 지르며 워밍업을 하느라 공을 주고받는 모습과 유사하다는 생각을 하고, 이 공이 양전기를 띠고 있기 때문에 공을 받은 알갱이는 양성자가 되고 공을 던지고 난 뒤의 알갱이는 곧 중성자가 되어버린다는 상상을 한 것이다.

원자핵 속의 양성자니 중성자니 하는 것은 절대적인 상태가 아니며 항상 상대적인 상태이고, 공은 알갱이들 사이를 숙 임금이나 홀 임금처럼 순간적으로 나타났다가 사라지곤 하면서 연결을 맺어주는 중신아비 구실을 한다고 생각하였다.

바로 야구공과 같은 이 조절체, 즉 중간자가 있기 때문에 폭발을 막을 것이라는 모델을 제시하였는데 이것이 유카와 히데키가 1934년에 내세운 중간자meson 이론의 구상이다.

장자 이야기에서 혼돈에 손을 대는 일은 곧 죽음을 의미하는 것이며, 원자핵 속의 중성자와 양성자를 묶는 장場을 만드는 입자가 중간자이고 이것은 혼돈에 해당한다고 볼 수 있다.

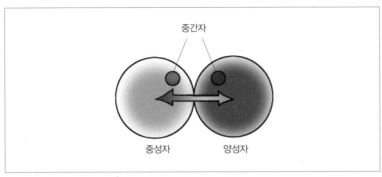

유카와 히데키의 중간자 모형. 조절체(중간자中間子: meson)가 폭발을 막을 것이라는 모델을 제시한 그는 1949년 노벨 물리학상을 수상했다. 1934년 유카와가 내세운 가설은 모델 시험을 거쳐 유도한 것도, 관찰해본 것도 아니다. 오로지 장자의 '혼돈의 칠규'라는 우화에서 영감을 받아 만들었다.

'중간자' 이론은 인문학과 과학이 만나는 융합

이 기발한 발상에 대해 당시의 과학자들은 믿지 않았지만 그후 미국의 앤더슨 교수가 우주선宇宙線을 측정하다가 중신아비 역할을 하는 공, 즉 중간자를 발견하였다. 이것을 파이 중간자, 즉 파이온pion 이라고 부른다.

결국 중간자 이론으로 1949년에 유카와 히데키는 일본 최초로 영예의 노벨상을 타게 된다.

아직 '쿼크'라는 소립자가 제안되기 전인 그 당시에 원자핵이 양성자와 중성자로 이루어져 있고 이들이 어떻게 좁은 원자핵 내부에 모여 있을 수 있느냐를 설명한 것이 중간자 이론인데, 중간자가 핵력을 매개해서 가능하게 한다는 것이 이론의 핵심이고 이 중간자의 유력

한 실체로 확인된 입자가 바로 파이온이다.

그 뒤에 이론은 더욱 발전해서 머리 겔만 등 과학자들에 의해 '쿼크'와 '글루온' 이론을 내놓게 되고, 현재는 핵력을 매개하는 입자는 글루온으로 보고 있다.

지금 기준에서 보면 중간자 이론은 낡은 이론이지만 당시 기준에서는 획기적인 발상이었으며, 핵력의 정체로 힘을 매개하는 입자가 작용한다는 이 아이디어는 실험을 거쳐 유도한 것도 아니고 관찰을 해본 것도 아니다. 오로지 장자의 '혼돈사칠규'란 우화에서 계시를 받아 찾아낸 창조물이다. 정확한 통찰이고 이후에 더 정확한 이론으로 발전하는 데 기여를 했던 중간자 이론은 바로 인문학 속에서 과학을 캐낸 융합의 대표적인 사례이다.

유가와 히데키의 중간자 이론이 만들어진 과정을 통해 통섭과 융합의 산물이 얼마나 멋진 것인지 우리는 감동하지 않을 수 없다. 참으로 기막힌 인문학과 과학의 만남이다.

21세기의 레오나르도 다 빈치 '테오 얀센'

융합의 인물, 21세기의 레오나르도 다 빈치라고 불리는 테오 얀센 Theo Jansen은 물리학자이면서 컴퓨터 공학자, 기계 제작자, 생물학자, 예술가, 환경 보호 활동가이다. 그는 예술 작품을 통해 융합이 무엇인지 보여주고 있다. '움직이는 조각', 이른바 '키네틱 아트kinetic art'

라고 부르는 그의 예술 작품 〈해변의 괴물〉은 화석 연료나 전기 모터 등의 인공적인 에너지원을 사용하지 않는다. 바람이 불어오면 깃털이나 종이, 비닐로 만든 돛이 반응하며 온몸의 관절이 움직인다. 예술과 기술, 생물학과 공학을 결합시켜 지금까지 없던 새로운 작품을 만들어낸 융합의 산물인 것이다.

진정한 융합이란 무엇일까?

고전과 과학, 인문학과 자연 과학, 예술과 과학의 경계를 넘나들면서 소통과 공감을 통해 새로운 아이디어를 찾는 것, 그것이 진정한 융합이라 할 수 있을 것이다.

'융합과 창의성'이 오늘날의 화두이고, 융합적 사고가 과학의 창의성을 통해 새로운 발전으로 거듭되는 역사 속에서 우리는 융합적인 생각의 깊이를 더욱 키울 필요가 있다.

'쥐불놀이'에도
놀라운 과학이

매년 2월 14일은 초콜렛 붐이 확산되고 있는 '발렌타인 데이Valen-tine's Day'인데, 우리나라의 고유 명절인 음력 '정월 대보름'과 비슷한 시기이다. 2014년에는 대보름과 발렌타인 데이가 겹치는 날이었으며, 다음에 다시 그 둘이 겹치는 날은 2033년에 온다.

발렌타인 데이는 로마 황제 클라우디우스 2세가 원정에 징집한 병사들이 출병 직전에 결혼을 하면 사기가 떨어질 것을 염려해 결혼을 금지하였으나, 사랑에 빠진 두 남녀를 안타깝게 여긴 발렌타인 신부가 이들 사이의 결혼을 몰래 허락하고 주례를 섰다가 처형당한 서기 270년 2월 14일을 기념하는 날로 전해지고 있다.

남녀가 사랑을 고백하고 초콜릿을 주고받는 날이 되어버린 2월 14일 대신, 비슷한 시기에 우리나라 고유 명절인 '대보름날' 행사를 젊은이들이 사랑을 고백하며 즐기는 날로 새롭게 조명되었으면 하는 맘이다.

정월 대보름의 추억

우리 조상들은 정월 대보름날, 밝은 달을 보면서 새해의 소망을 빌어왔으며 과학적이고 슬기로운 다양한 방법으로 가정의 평온과 만수무강을 기원하였다.

지금은 잊혀진 풍습이지만 보름날에 부럼 깨물기, 더위 팔기 등의 유머가 가득한 풍습이 있다. 또한 개인적으로 기복을 바라면서 귀밝이술 마시기, 오곡밥을 지어서 묵은 나물과 먹기, 시절 음식인 복쌈이나 달떡을 먹는 것 등이 있다.

또한 동네 이웃들이 함께 모여 줄다리기, 다리 밟기, 고싸움, 돌싸움, 쥐불놀이, 탈놀이 등 한 해의 풍년을 기원하며 협동의 정을 나누던 행사도 있었다.

특히 정월 대보름 전날 밤이면 어린이들은 쥐불놀이에 푹 빠져 시간가는 줄 모른다. 빈 깡통에 듬성듬성 바람구멍을 뚫은 뒤에 깡통 모서리에 철사를 길게 매단다. 깡통 안에는 작은 장작개비 조각이나 솔방울을 넣고 불을 붙인 다음에 빙빙 돌리면, 깡통 안의 불꽃이 원을 그리며 어두운 밤을 아름답게 수놓는다. 이때 불붙은 논·밭둑에는 잔디들이 까맣게 타면서 달밤을 더욱 신비롭게 한다.

듬성듬성 구멍을 뚫은 쥐불놀이 깡통

쥐불놀이를 과학적으로 분석하면

정월 대보름을 전후해 논둑을 태우는 쥐불놀이는 왜 하는 것일까?

예전에는 농사를 지을 때 농약을 사용하지 않았다. 그래서 입춘이 지나 봄을 맞이하기 전에 벼멸구 등의 해충들이 낳아둔 알을 없애기 위해 논둑이나 밭둑의 잡풀을 불태우는 쥐불놀이를 하였던 것이다. 즉 영농 작업 중 하나로 무 농약과 친환경 농사를 과학적으로 실천한 방법이다.

자칫 바람이 불어 불똥이 쌓아둔 짚 더미로 옮겨가거나 원하지 않는 곳으로 번져나가면 큰일이지만 멀찌감치 떨어진 동구 밖 논·밭둑이 타는 것을 지키면서 깡통에 넣은 장작개비 불꽃이 원을 그리는 것을 즐기는 놀이야말로 신나는 풍습이었다.

쥐불놀이를 할 때 깡통 속 내용물이 쏟아져 다칠 것 같지만 신기

쥐불놀이 깡통을 돌릴 때 깡통 속 장작개비나 솔방울은 불타오른다.

하게도 그렇지 않다.

왜 그럴까? 과학적으로 설명해보면 쥐불놀이는 '등속 원운동'이다. 속력이 일정하지만 방향은 계속하여 바뀌므로 가속도 운동을 하는 등속 원운동이다. 또한 강통과 깡통 속 장작개비가 함께 가속도 운동을 하는 가속도계系의 운동이다.

운동하는 물체, 즉 깡통과 깡통 속 물질에 작용하는 실제적인 힘은 구심력이고, 구심력은 원운동을 하는 물체의 안쪽으로 작용한다. 이 때 쥐불놀이 깡통 속의 내용물이 쏟아지지 않고 정지해 있는 것을 설명하기 위해서는 구심력에 대한 관성력이 같은 크기로 구심력의 반대 방향으로 작용하기 때문이라고 해석해야 한다. 즉 가상적인 힘인 관성력을 도입하여 설명하는 것인데, 이때 원운동이기 때문에 구심력에 대한 관성력을 쉬운 말로 원심력이라 부르고 있다.

즉 쥐불놀이의 깡통 속에서 운동하는 장작개비에는 원심력이 작용하여 회전 운동하는 깡통 밖으로 튀어나오지 않는다. 이는 롤러코스터roller coaster의 원리와 비슷하다. 롤러코스터가 360도 회전을 해도 떨어지지 않는 것은 원의 바깥 방향으로 작용하는 원심력이 물체를 떨어뜨리려는 중력과 수직으로 작용하기 때문이다. 롤러코스터에 거꾸로 매달리는 맨 꼭대기에서도 떨어지지 않는 것은 중력과 원심력이 같게 되는 지점이 되기 때문이다.

쥐불놀이에는 과학 원리가 또 있다. 처음에 깡통 속에 작은 불씨를 넣었는데도 나중에는 활활 타오르게 된다. 유체는 좁은 통로를 흐를 때 속력이 증가하고 넓은 통로를 흐를 때 속력이 감소한다는 베르누이의 정리를 대입해보면 깡통에 듬성듬성 송곳으로 작은 구멍들을 뚫어놓았는데 손잡이 철사를 잡고 원운동을 시키면 바람이 작은 구멍을 통과하면서 속력이 더 빨라져 강한 바람으로 변하게 된다. 이때 휙~ 휙~ 바람소리가 나게 되고, 깡통 속의 장작불은 더욱 활활 타오른다.

독일 맥주 축제에도 쥐불놀이 원리가……

이러한 원운동을 이용해 실생활에 활용하는 예를 하나 더 들어보자. 필자는 1994년 8~9월에 옥토버 페스티발October Festival(독일 뮌헨에서 개최하는 민속 축제이자 맥주 축제, 매년 9월 15일 이후에 돌아오는 토요일부터 10월 첫째 일요일까지 16~18일 동안 계속된다)이 한창인 독일을 방문하고, 동료들과 함께 베를린에서 맥주를 마신 추억이 있다.

그때 아주 재미있는 장면을 목격하였는데, 웨이터가 맥주를 가득 담은 생맥주잔을 끈이 달린 쟁반접시 위에 올려놓고 흔들면서 손님에게 갖다주는데도 맥주가 전혀 엎질러지지 않는 것이다. 사각형 접시의 모서리에 4개의 끈이 달려 있으며 그 것을 약 50cm 높이에서 하나로 모아 손으로 잡고, 접시 위에는 유리로 된 2~3개의 맥주잔에 맥주가 가득 담겨 있는데도 자연스럽게 왔다갔다하면서 흔드는 모습으로 맥주를 손님들에게 날라다주는 것이다.

아하! 그렇구나. 당시에 나는 '저렇게도 과학 원리를 실생활에 활용하는 사람이 있네!' 하고 감탄하면서 한국에 돌아와서 똑같이 끈 달린 접시를 만들어 학생들과 함께 체험하는 시간을 가진 적이 있다.

운동장에 나가 체험하는 수업에서 학생들은 흔들기만 하는 것이 아니라 수직·수평 방향으로 자유자재로 묘기를 부리듯이 접시와 물컵을 회전시킨다. 그래도 컵 속에 들어 있는 물이 쏟아지지 않는다. 물론 실패하여 물을 뒤집어쓰기도 하고 다른 친구들에게 장난삼아 물을 뿌리는 학생도 있었지만, 대부분의 학생들은 물 컵의 회전 수업에서 물이 쏟아지지 않는 신나는 수업을 하였고 질문은 이어졌다.

왜 컵 속의 물은 쏟아지지 않을까요?

그 해답은 쥐불놀이에서 깡통 속에 들어 있는 장작개비 조각들이 쏟아지지 않는 것처럼 등속 원운동과 원심력으로 설명할 수 있다.

이런 원운동은 회전목마, 선풍기, 세탁기(탈수기), 시계바늘, 자전거 바퀴, 물레방아, 다람쥐 쳇바퀴 등 다양하게 우리 생활 주변에서

원형의 플라스틱 쟁반에 3개의 끈을 매달고 쟁반 위에 물이 가득 담긴 컵을
놓은 뒤에 서서히 돌리다가 빠르게 원운동을 한다.

찾을 수 있다. 쥐불놀이의 원운동을 보면서 보어의 원자 모델과도 비슷하다는 설명을 덧붙일 수 있지만 끝없이 계속되는 과학도 너무 많이 공부하면 머리가 아픈 법, 이쯤에서 정리하면서 대보름날 밤에 떠오르는 둥근 달을 보고 각자 소원을 빌어보자.

우리의 생활 속에 깊숙이 숨어 있는 과학 원리는 너무 많고, 알고 싶은 욕망 또한 달처럼 둥글다.

이렇듯 과학이 가득한 정월 대보름의 낭만을 요즘 젊은이들이 다양하게 즐기면서 사랑을 고백하는 날로 대보름 축제가 다시 되살아났으면 좋겠다.

스포츠에 숨어 있는 과학 원리

동계 올림픽에는 컬링, 아이스하키, 루지, 스켈레톤, 봅슬레이, 알파인스키, 프리스타일스키, 크로스컨트리, 바이애슬론, 스키점프, 노르딕복합, 쇼트트랙, 스피드스케이팅, 피겨스케이팅, 스노보드 등 15종목의 경기에서 기록을 다툰다.

올림픽은 전 세계가 하나가 되는 인류의 대축제로서, 스포츠를 통해 인간의 능력이 어디까지인지 한계에 도전하는 실험의 장이기도 하다.

동계 올림픽 스포츠! 거기에도 과학이 있을까? 그렇다. 겨울 스포츠에 숨어 있는 과학 원리를 알면 동계 올림픽을 몇 배나 더 재미있게 즐길 수 있다.

겨울 스포츠는 대부분 마찰력이나 공기의 저항을 어떻게 활용하느냐에 따라 기록이 결정될 수 있으며, 마찰력이나 저항을 줄이거나 크게 하면서 신체 조건을 적절히 결합한 과학적인 운동이라고 할 수 있다.

세계 피겨의 역사를 새로 쓴 김연아 선수가 올림픽에서 금메달과 은메달을 획득한 피겨스케이팅이야말로 다양한 곡선을 따라 활주하는 스케이팅으로 예술과 스포츠, 그리고 과학이 하나되는 환상의 경기이다.

스키는 중력을 이용해 높은 곳에서 낮은 곳으로 내려오면서 위치 에너지가 운동 에너지로 변하는 동안에 누가 더 빠르게 목표 지점에 도달하느냐를 기록하는 운동이다. 경사면을 직·활강으로 활주하는 선수에게 중력은 수직 방향으로 작용하며, 눈과 스키판 사이의 마찰력, 눈과 공기의 저항을 이기고 추진력을 만드는 과학이 숨어 있다. 최근에는 왁싱Waxing의 첨단 과학 기술력에 따라 마찰력을 줄이는 정도가 다르고, 그에 따라 기록에 차이가 나고 있다.

쇼트트랙이나 스피드스케이팅은 곡선 운동이 많은 타원형의 링크에서 속도를 겨루는 운동이다. 쇼트트랙에서의 승부는 공기 저항과 마찰을 어떻게 극복하느냐에 달려 있다. 따라서 선수들은 빨리 달리기 위해 공기의 저항을 최소화하는 방법을 찾는다. 최대한 몸을 낮추어 상체를 지면 가까이에 붙인 채로 경기한다. 또한 공기의 흐름을 방해하지 않기 위해 유선형 헬멧을 쓰며, 경기복은 몸에 착 달라붙고 탄력 있는 가벼운 원피스로 얇은 재질 트리코tricot를 착용한다.

스케이트화는 얼음과의 마찰을 줄이기 위해 최대한 얇고 매끄러운 모양이다. 코너를 돌 때 몸을 경기장 안쪽으로 기울이면서 한쪽 팔을 빙판에 대고 다른 팔은 흔드는 것은 속도를 줄여 몸의 균형을 잡는 것은 물론, 마찰에 의한 구심력을 크게 하여 원심력을 극복할 수 있도록 하기 위한 것이다.

시속 130~150km 정도로 미끄러지는 썰매 루지, 스켈레톤, 봅슬레이 등도 속도 경기로 공기와의 마찰을 최대로 줄여야 하고, 100m 이상을 나는 인간 겨울새 스키점프는 새가 나는 원리인 양력을 이용한 경기다.

양력은 물체가 유체(공기나 물 등) 속을 지날 때 물체의 위와 아래의 속도가 달라서 생기는 부력과 같은 힘이다. 양력을 더 크게 하려면 속도가 매우 빨라야 하는데, 점프하기 직전 속도는 시속 90km 정도에 이른다.

피겨스케이팅 선수는 각 운동량을 정복한 과학자

피겨스케이팅에는 점프, 스핀, 리프트, 스텝, 턴 등 다양한 기술이 사용된다. 점프는 빠르게 질주하다가 힘차게 공중으로 차올라 회전한 뒤에 착지하는 최고의 기술이다. 특히 점프와 스핀은 '각 운동량

최대의 각 운동량을 만들어서 점프하고 팔과 다리를 움츠려서 회전수를 최대로 증가시킨다.
그리고 착지할 때에는 팔다리를 벌려 회전수를 줄이고 안전하게 착지한다.

보존'이라는 과학 원리가 숨어 있다.

회전하는 물체는 물리적인 양으로 '각 운동량'을 가진다. 각 운동
량은 움직이는 물체의 질량, 속도, 그리고 회전할 때 생기는 원의 회
전 반지름을 곱한 값으로 정의된다. 즉 질량이 클수록, 빠른 속도로
움직일수록, 회전 반지름이 커질수록 물체의 각 운동량은 커지게 되
는 것이다. 그렇다면 피겨 선수들은 어떻게 각 운동량을 크게 하면서
점프한 시간에 회전수를 늘릴까?

에너지 보존 법칙에 따르면, 점프 시작 지점에서의 운동 에너지와
탄성 에너지가 뛰어오른 최고 높이에서 위치 에너지로 바뀌어 보존
되므로 위치 에너지를 크게 해야 체공 시간이 길어져 회전수를 높일
수 있다. 따라서 점프를 시작할 때 빠르게 질주하면서 속도와 탄성력
을 극대화한 상태로 솟아올라야 한다.

또한 각 운동량을 크게 하려고 선수는 스케이트의 에지edge(스케이
트 안팎의 날)와 토toe(스케이트 앞 쪽에 붙어 있는 톱니바퀴처럼 생긴 부
분)를 이용하여 토크torque(회전체의 운동 상태를 변화시키는 힘)를 가
해 점프를 하는 것이고, 점프 시작점에서 잠시 동안 팔과 다리를 넓

피겨스케이팅에서의 싯 스핀 동작—각 운동량 보존의 원리

게 벌려 회전 반지름이 최대가 되게 하는 동작을 통해 회전 관성이 커지게 한다.

이렇게 최대한의 각 운동량을 만든 다음에 떠오르는 순간, 곧바로 벌렸던 팔과 다리를 움츠리면 회전 관성을 작게 하면서 회전 속도는 커지게 되어 회전수를 증가시키는 것이다. 즉 각 운동량(각 운동량 = 질량×속도×반지름)의 보존이라는 과학 원리에서 반지름이 작아지면서 속도는 커지게 하는 타이밍의 스포츠이다.

점프 동작에서 중요한 것은 회전수뿐만 아니라 안정적인 착지 동작이다. 체공 시간에 정해진 회전수를 채우고 나서 안정적인 착지를 하기 위해서는 반대로 회전 속도를 늦추어야 하므로 선수는 재빨리 팔다리를 벌려 회전 반지름을 크게 하여 속도가 줄어들게 해야 한다. 즉 회전 관성을 다시 높이면서 늦추어진 회전 속도에 맞추어 안정되게 착지를 해야 한다.

이처럼 점프에 숨어 있는 각 운동량 보존은 스핀 기술에서도 적용된다. 싯 스핀Sit spin(한 발을 바닥에 붙이고 허리를 낮추어서 웅크리고 앉은 자세로 회전하는 것)은 최대한 몸을 낮추고 빠르게 회전하면서 무게 중심을 아래로 가게 하는 안정적인 최적의 회전 기술이며, 팔을 위로 올려 몸에 최대한 붙여 서서 빠른 속도로 회전할 때도 각 운동량 보존이라는 것에 의해 스포츠의 아름다움을 볼 수 있는 것이다.

이렇듯 스포츠 선수들은 과학의 원리를 몸으로 표현해내는 실천과학자라고 해도 과언이 아니다.

스포츠는 물론, 세상 모든 것이 과학

과학의 눈으로 세상을 보는 안목은 동계 올림픽에만 국한되지 않는다. 동·하계 올림픽 모두에서 실시하고 있는 스포츠에는 과학이 숨어 있다.

가장 멀리 날아가는 종목, 창던지기는 포물선 운동의 과학이다. 과학 원리는 45도 각도로 던졌을 때 가장 멀리 날아간다. 그러나 실제로 창은 가볍고 길기 때문에 UCLA(미국 로스앤젤레스 캘리포니아대학교) 스포츠 생체 공학 연구소의 분석에 의하면, 정상급의 창던지기 선수는 대부분 31~33도 사이로 던질 때 최고 기록이 나온다는 것이다.

해머던지기도 과학의 원심력을 이용한다. 해머 선수들은 회전 속도를 높이기 위해 4회전 기술을 시도하는데, 회전력을 바탕으로 기술을 구사한다는 점에서 피겨스케이팅과 유사하다.

육상도 과학을 알면 훨씬 더 즐길 수 있다. 에너지 과학으로 육상 단거리 종목을 들여다보면 레이스 도중에 들이마신 산소는 실제 에너지를 생성하지 못하므로 무산소 에너지로 달리게 된다. 100m 달리기는 몸 속에 저장된 에너지로 레이스를 마치게 되고, 200m는 저장 에너지를 대부분 이용하고 레이스 후반에 추가적으로 약간의 에너지를 분해한다. 400m는 무산소 상태에서 에너지를 만드는 능력의 한계에 도달하게 되고, 저장된 에너지가 고갈되어 극도의 고통에 빠지게 되는데 젖산이라는 피로 물질이 훨씬 많이 축적되기 때문이라고 한다.

이렇듯 과학은 스포츠는 물론, 우리 생활 속에 깊숙이 들어와 있다. 결코 이론만 가득한 우리 생활과 동떨어진 학문이 아니며, 이 세상 모든 것은 다 과학으로 이루어져 있다고 할 수 있다.

사랑조차 과학으로 규명하려고 하는 여러 가지 연구 결과들이 나와 있으니 말이다.

4년마다 열리는 동·하계 올림픽이 서로 엇갈려서 2년마다 TV를 통해 우리 안방으로 찾아올 때 짜릿한 승부와 기록을 과학으로 분석하면 백 배 더 즐길 수 있다.

우리나라의 강원도 평창에서 열리는 동계올림픽(2018년 겨울)에서도 스포츠와 과학의 융합을 통해 새로운 신기록이 쏟아질 것으로 기대된다.

동물보다 더 적극적인
식물의 생존 전략

"어린 왕자가 사는 별에는 무서운 씨앗이 있었다. 바로 바오밥나무의 씨앗! 이 바오밥나무는 제때에 뽑지 않으면 어떻게 없앨 방법이 없다. 싹이 튼 바오밥나무는 금새 자라 별 전체를 뒤덮고 뿌리가 별 속으로 파고들어 구멍을 낸다. 그래서 별은 너무 작은데 바오밥나무가 너무 많으면 별이 산산조각이 나버리고 만다."

중·고등학교 시절에 누구나 한 번쯤은 읽으며 마음속에서 어린 왕자가 되고 싶었던 생텍쥐페리의 소설 『어린 왕자』의 한 부분이다.

별을 부숴버릴 수도 있을 것 같다고 비유할 만큼 크게 자라는 바오밥나무는 현재 지구상에 존재하는 나무이며 환경에 적응하기 위하여 비대한 줄기 구조를 갖게 되면서 독특한 형태의 나무로 진화하였다.

아프리카 사막 지역에 주로 서식하는 바오밥나무는 열대 건조 지역의 대표적인 거목이다. 물을 많이 저장하기 위해서 잎보다 줄기가

종 모양의 줄기를 가진 바오밥나무

발달하여 나무기둥이 지나칠 정도로 비대하게 성장한다. 마치 종 모양처럼 불룩하게 자란 줄기에서는 최대 12만l의 물을 저장할 수 있다. 바오밥나무의 수령은 5000년 정도로 매우 길다. 전 세계에서 가장 크게 자라는 나무 중의 하나에 속한다. 사람들은 바오밥나무 줄기를 파서 집으로 사용하기도 하고 죽은 사람을 매장하는 장소로 활용하기도 한다. 잎은 수분 유출을 방지하기 위하여 작은 잎 5~7개가 모인 겹잎으로 손바닥 모양을 하고 있다. 서식지가 매우 건조해지면 잎을 떨어뜨려서 수분이 빠져나가지 않도록 한다.

CAM 식물들의 지혜

우리가 상식적으로 알고 있는 식물들은 어느 한 곳에 뿌리를 내리고 고착 생활을 하며 동물보다 매우 소극적으로 생존 노력을 하는 것처럼 보인다. 하지만 식물들의 세계를 자세히 들여다보면 동물 못지 않게 적극적으로 생존 전략을 펼치고 있다.

크기가 작은 지의류에서부터 거대한 속씨식물까지 다양한 방법으로 자연에 적극적으로 대처하며 종족 보존을 위해 노력한다.

선인장을 예로 들면 건조한 사막 기후에 적응하기 위하여 잎의 표면적은 작아지고 표면에는 두꺼운 큐티클층이 발달하였다. 그리고 잎에 많은 수분을 함유한 다육 식물 형태로 진화하였으며, 아예 잎이 가시로 변한 선인장도 많다. 선인장은 건조한 기후에 견디도록 진화한 다육 식물의 일종인 CAMCrassulacean acid metabolism(레술산 대사 또는 유기산 대사 작용이라 하며 CAM이란 이름은 탄소 고정 방식이 처음 발견된 돌나물과Crassulacease식물의 이름을 따서 CAM으로 부르게 되었다.) 식물에 속한다. 식물 체내의 수분 손실을 최소화하는 전략을 택한 것이다.

일반적인 식물의 경우에 낮에는 잎의 기공을 열고 이산화탄소를 흡수하여 활발하게 광합성을 한다. 하지만 CAM 식물인 선인장의 경우에는 낮에 기공이 열리면 동시에 수분 손실이 커지므로 낮에는 기공을 열지 않고 밤에만 기공을 열어 이산화탄소를 흡수하여 유기산(주로 말산)의 형태로 식물의 액포에 축적시킨다. 낮이 되면 축적시킨 말산malic acid의 성분에서 탄산이온을 얻어 광합성에 사용하는 방법으로 적응하였다. 말산이란 사과산 또는 다이카복실산이며 덜 익은 사과나 과일에 많이 들어 있다.

이렇게 광합성에 필요한 이산화탄소를 밤에 흡수하고 낮에는 소

극적인 방법으로 광합성을 하며 살아가는 식물들은 생장 속도가 느리다. 일부 다른 CAM 식물들도 기온이 높은 낮에 기공을 열지 않은 상태로 적은 양의 광합성을 하면서 생산물을 포도당으로 완전히 변환시키지 않고 중간 과정 생성물로 몸에 저장한다. 밤이 되면 기공을 열어 이산화탄소를 흡수하여 포도당으로 변화시키고 부산물인 산소를 방출한다.

이러한 이유로 식물학자들은 침실 옆에 다육 식물 키우기를 권장한다. 밤에도 이산화탄소를 흡수하는 선인장류가 실내에서 자란다면 이산화탄소의 농도를 줄일 수 있기 때문이다. 생존에 반드시 필요한 물을 손실하지 않고 자연 환경에 순응하며 살아가기 위한 독특한 광합성 방법을 취하는 식물들을 보면 실로 놀랍기만 하다.

지구의 극한 환경을 이겨낸 식물들

대륙의 반대편 안데스 지역에서는 '푸야 라이몬디Puya raimondii'라

푸야 라이몬디가 자라고 있는 고산 지대(좌)와 푸야 라이몬디의 꽃

는 식물이 춥고 척박한 안데스 산맥에서 서식하고 있다. 이 식물은 파인애플과에 속하는데, 100년 동안 생존하다가 마지막 100년이 되는 해에 약 3개월 동안 3천여 개 이상의 꽃을 한꺼번에 피우고 나서 생을 마친다. 그래서 그곳 사람들은 이 식물을 일명 '백년초'라고 부른다. 이 '푸야 라이몬디'는 잎의 표면이 아주 미세한 바늘 모양으로 되어 있다. 이러한 생김새는 살아가는 데 필요한 물을 보충하기 위해 공기 중의 수분을 최대한 흡수하는 형태로 진화를 한 것이다. 또한 이슬비가 내리면 물을 저장하는 중앙 수분 저장소로 물이 흘러들어가게 되어 있어 자신의 몸체뿐만 아니라 다른 생명체에게도 수분을 공급하는 역할을 한다. 그래서 가끔 잎사귀와 잎사귀 사이에는 수분을 섭취하러 날아들어왔다가 끝이 뾰쪽하게 발달한 잎에 찔려 죽은 작은 새의 시체가 발견되기도 한다.

특이한 모습과 매우 긴 수명 그리고 화려한 꽃을 피우는 몇 개월! 이 모든 과정은 '푸야 라이몬디'가 서식하고 있는 지역의 환경에 잘 적응하여 살아가기 위한 선택이었을 것이다.

한편 극지방의 혹독한 추위 속에 적응한 식물들도 있다. 북극 지역에서는 선태 식물의 일종인 지의류, 이끼류 등과 초본 식물들이 대부분 자라고 있으나 북극콩버들이나 북극종꽃나무 같은 키 작은 나무들도 서식하고 있다. 이들은 혹독한 추위를 견디며 아주 짧은 여름철을 이용하여 꽃을 피워 번식한다. 또한 북극에 사는 순록을 비롯한 초식 동물의 먹이가 된다.

특히 북극종꽃나무는 젖은 상태에서도 불이 잘 붙어 그린란드 원주민들이 땔감으로 활용하기도 한다.

남극 지역은 연평균 기온이 북극보다도 더 낮아 식물들이 적응하기 가장 어려운 지역이지만 지의류 등이 서식하고 있다. 혹독한 추위를 견디며 남극에 여름이 오면 며칠 동안의 짧은 시기에 번식을 하면서 적응하고 있다.

흔히 식물들은 동물보다는 소극적으로 살아간다고 알아왔던 상식을 뒤집는 이와 같은 사례를 통해 지구상에 존재하는 미생물부터 고등 생물까지 그 살아가는 독특한 방식의 삶은 아름답고 소중한 것임을 엿볼 수 있다.

특히 환경을 극복하는 다양한 방법을 개척하면서 진화를 거듭하여 가장 알맞은 자신의 생태계를 만들어가는 생명체 속에서 과학뿐 아니라 적극적인 도전의 지혜를 우리는 배워야 한다.

성장하고 움직이는
살아 있는 암석

자연 세계에서 신기한 현상을 발견하면 각종 매체에서 "믿거나 말 거나……" 또는 "자연의 신비" 등의 제목을 붙여 관심을 끄는 경우를 종종 볼 수 있다. 여기에 그런 현상이 나타나는 또 하나의 이야기가 있다.

동유럽 루마니아의 코스테스티라는 작은 마을에서 발견되는 암석들은 우리가 알고 있는 '암석은 무생물'이라는 상식이 통하지 않는다. 마치 나무 그루터기에서 싹이 나오듯이 암석 표면에 혹이 생겨 그것들이 점점 자라나고, 그 암석들은 하룻밤 사이에 몇 미터를 움직이며 이동하기도 한다. 신기한 암석에 대한 이야기는 얼마 전에 한 TV 프로그램에서 방영되면서 사람들의 관심을 끌었다.

자연이 만들어낸 다양한 지형

자연은 생각할수록 참으로 신비하다. 왜 이런 일이 일어나는 것일까?

먼저, 지구의 지형 변화에 대한 상식을 정리해보자. 우리가 사는 지구는 약 45억 년 전에 생성되어 오랫동안 대기, 물, 생물 등의 영향으로 풍화, 침식, 운반, 퇴적 작용의 끊임없는 반복으로 지금의 지형을 만들었다. 우리가 보고 있는 지형들은 모두 이런 과정을 통해 생성된 것이고 현재도 진행중이다. 거대한 계곡 그랜드 캐니언이 만들어진 과정과 이과수 폭포, 굽이굽이 뱀처럼 유유히 흐르는 웅장한 아마존 강 역시 마찬가지다.

일반적으로 지형의 변화 과정 중 산지 지형에서 나타나는 암석의 풍화 형태는 기반암(지각을 구성하는 암석이며 토양층 아래 존재하면서 아직 풍화되지 않은 암석을 말함)으로부터 떨어져나온 작은 암석 조각들이 골짜기나 언덕을 구르면서 주로 바람의 작용에 의한 풍화가 이루어져 모가 나고 울퉁불퉁한 형태를 띤다. 그리고 점점 아래로 내려오면서 흐르는 물에 의해 강의 하류나 바닷가로 운반되는 암석은 구형에 가까운 둥글고 매끈한 모양으로 변하게 된다.

이런 사례는 우리나라에서도 찾아볼 수 있는데, 경상남도 거제도의 몽돌 해수욕장에 가면 돌의 형태가 그 이름에서도 느껴지듯 거의 구형에 가깝고 표면이 아주 매끄럽다. 이는 암석들이 흐르는 물에 의해 풍화·침식 작용을 받으며 강의 하류를 거쳐 해안가에 퇴적되는 과정을 거쳤기 때문이다.

살아 움직이는 불가사의한 암석

그런데 일반적인 상식과 지구과학에 대한 지식으로는 설명이 안
되는 코스테스티 암석은 도대체 어떻게 된 일일까?

코스테스티 암석이 세상에 알려지기 시작한 것은 1906년 당시에
루마니아 지질 연구소 소장이었던 게오르게 문테아누가 이곳을 방
문하여 이상한 점을 발견하고부터다. 주변 지형의 80%가 산을 이루
고 나머지 20%는 언덕으로 형성돼 있는데, 코스테스티에 분포하고
있는 암석들의 형태는 산지 지형에서는 볼 수 없는 모양을 하고 있
었다. 즉 암석들이 강의 하류나 해안가에서 볼 수 있는 퇴적물의 특
징인 둥글고 매끄러운 모양을 하고 있는 데도 불구하고 코스테스티
는 지형적으로 과거에 바다였던 기록이나 흔적이 없어 더욱 깊은 의
문을 품었다.

이를 이상하게 여긴 게오르게 문테아누는 표본을 연구소로 가져
와 조사한 결과, 암석 겉의 성분은 주로 사암 성분이라는 것을 알았
다. 또한 이 암석은 다른 곳의 암석과는 달리 산지 지형에서 풍화를
받은 모습을 보여주지 않으며, 특히 점점 자라날 뿐만 아니라 스스로
이동하는 기이한 현상도 발견했다.

더욱이 그 신비스러운 암석들은 마치 나무가 자라듯이 아주 서서

나이테 무늬가 보이는 암석 단면

히 자라는 것은 물론, 암석의 단면을 잘라보면 나무처럼 나이테가 존재했다. 또한 암석의 단면 한가운데 핵 역할을 하는 부분이 존재하며 그 핵 주변을 사암질이 둘러싸고 있었다.

암석이 자라난다는 것을 믿지 못하는 많은 지질학자들은 현장에 직접 가서 연구한 결과 여러 가지 주장을 했다. 그 중 하나는 비가 오면 빗물 속의 탄산칼슘 성분과 암석의 특정 성분이 반응해 암석에 들러붙어 성장하는 형태를 보여준 것이라고 설명했다. 다른 하나는 운석설이다. 외부 우주 공간에서 떨어진 운석들이란 것이다. 자라나는 특성을 가진 운석이 떨어져 잘게 쪼개진 다음에 다시 자라나며 커졌다는 설이다. 그러나 두 가지를 비롯해 여러 주장이 있지만, 모두 정확한 원인을 규명하지 못하고 있다.

루마니아 사람들은 이 암석을 '트로반트trovants(사암 응결)'라고 부른다. 트로반트는 손톱만한 크기부터 10m에 달하는 거대한 크기까지 다양하다. 루마니아는 이 트로반트가 있는 지역을 보호 구역으로

혹이 나듯이 점점 자라난 암석 표면

정하고 박물관까지 만들었다. 2004년에는 세계 문화 유산에 등재되기도 했다. 작고 조용했던 코스테스티 마을은 트로반트로 인해 유명세를 타면서 많은 사람이 몰려드는 관광지로 변신했다. 또한 2010년에는 루마니아의 다른 지역인 발케아주 오테사니 마을 인근인 그레사레아 부룩에서 두 번째 트로반트가 발견되었다.

이처럼 지구에서 일어나는 다양한 현상 중에는 아직도 과학적으로 설명하지 못하는 현상이 많다. 그래서 과학자들은 끊임없이 연구하고 그 원인을 파헤치기 위해 도전하는 것인지도 모른다. 루마니아의 '트로반트'에 대한 의문도 과학자들에 의해 언젠가는 해결될 것이다. 이 글을 읽는 독자 중에도 관심을 가지고 연구해 훌륭한 성과를 내는 과학자가 탄생할 것이라고 기대해본다.

'온난화 사과'를 기다리는
그린란드 사람들

요즘 부쩍 기후가 변하고 있다는 것을 실감한다. 사계절의 변화가 뚜렷한 우리나라의 기후에도 변화가 생긴 것이다. 봄과 가을이 뚜렷했던 계절 변화가 점점 경계가 사라지고 여름과 겨울이 더 강하게 나타나는 것이다. 봄, 가을을 느껴보기도 전에 여름이 오거나 겨울로 접어든다. 우리나라의 기후 변화는 먹거리를 통해서도 느낄 수 있다. 어업의 경우에 잡히는 어종들이 크게 변화되었고, 농업 분야에서도 과수 재배 지역을 예로 들면 기온 변화에 따라 많이 변화했다. 예전에는 사과하면 대구를 떠올렸고, 빨갛게 잘 익은 '대구 사과'를 보기만 해도 입에 침이 고이곤 했다. 그러나 최근에는 대구 사과는 찾아보기 어렵고, 대신에 충주 또는 무주, 장수 지역 명칭이 붙은 사과들이 유명세를 타고 있다. 사과 재배지도 기후 변화에 따라 달라진 것이다.

과수 중 대표적인 온대 작물인 사과는 연 평균 기온이 11~13℃, 10월 평균 기온이 12~14℃인 지역이 가장 알맞은 재배지이다. 사과 재배 과정에서 당도 및 착색은 기후 조건에 따라 매우 달라지며, 사과 품질 향상에 큰 영향을 미친다. 그러므로 온난화로 인한 사과 재배지가 변화되는 것은 당연한 일인지도 모른다.

지구 온난화는 왜 일어날까?

이런 변화들은 지구 온난화에서 원인을 찾을 수 있다. 지구 온난화로 지구 곳곳에서는 이상 기온 현상이 나타나고 있고, 그 원인 중 가장 두드러진 것은 인간의 활동이다. 인구 증가와 더불어 발달한 산업화가 주된 원인으로 파악되고 있다.

지구는 연평균 기온 약 15℃를 유지하고 있다. 기온을 일정하게 유지할 수 있는 이유는 지구를 둘러싸고 있는 대기 성분 때문이다. 대기 성분 중에서 일부분은 열 에너지를 함유하여 지구 밖으로 나가는 것을 막아 일정한 온도를 유지하는 것이다. 그런 대기 성분을 온실 가스라고 부른다. 온실 가스에 의해 일어나는 온실 효과는 항상 일정하게 지구 온도를 유지시켜주는 매우 중요한 현상이다. 만약 대기가 없다면 지구는 달처럼 낮에는 태양빛이 지표까지 모두 들어와서 상상하기 어려울 정도로 뜨거울 것이고, 반대로 태양빛이 없는 밤에는 모든 열이 방출되어 영하 100℃ 이하로 떨어지게 될 것이다.

온실 효과는 그 자체가 문제가 아니다. 일부 온실 효과를 일으키는 기체들이 과다하게 대기 중에 방출됨으로써 야기되는 이상 고온에 따른 지구 온난화 현상이 일어나는 것이 문제이다. 최근 들어 인구 증가와 다양한 산업 활동으로 온실 가스가 증가하게 되었다. 대기 중으로 온실 가스가 지나치게 배출되면서 지구 기온이 변하게 된 것이다.

온난화로 인한 이상 기온 현상은 인간이 주로 모여 사는 도심 지역뿐만 아니라 북극과 남극, 아마존에 이르기까지 전 지구적으로 나타나고 있다. 그러므로 그 심각성을 간과할 수는 없는 실정이다. 지구 온난화의 주범으로는 온실 효과를 증대시키는 가스의 다량 배출을 들고 있다. 국가 간 기후 변화 협약UNFCCC을 이행하기 위해 1997년에 일본 교토에서 열린 '교토 의정서'에서는 이산화탄소CO_2, 메테인 CH_4, 아산화질소N_2O, 수소불화탄소HFCs, 과불화탄소PFCs, 6불화황 SF_6을 6대 온실 가스로 정하였다.

이산화탄소는 전체 온실 가스 배출 중 80%를 차지하고 있다. 따라서 6대 온실 가스 중 가장 중요한 온실 가스로 분류되고 있다. 이산화탄소는 탄소 성분이 포함된 화석 연료의 연소 등에 의해 배출된다. 그리고 생물적 · 물리적 과정 등을 통해 바다에 용해되거나 식물의 성장 과정에서 흡수된다. 이처럼 흡수원과의 균형에 의해 대기 중의 이산화탄소 농도는 적정 수준을 유지하게 된다. 그러나 연간 인위적 배출량이 자연 배출량의 3% 이상 초과하면 흡수원과의 균형이 깨진다. 이때 대기 중에 이산화탄소가 축적되어 지구 온난화가 발생한다.

온실 가스는 특성에 따라 지구 온난화에 영향을 주는 정도가 다르다. 이산화탄소를 기준으로 가스별 영향 정도를 명시한 '지구 온난화 지수Global Warming Potentials(GWP)'를 정하여 온실 가스 배출량을 산정한다. 따라서 온실 가스 배출에 의한 지구 온난화에 초점을 맞추어 온실 가스 감축을 위한 다각적인 노력을 기울여야 한다.

지구 온난화의 두 얼굴

그러나 아이러니하게도 이런 지구 온난화가 지구 가장 북쪽 동토의 나라인 그린란드에서는 매우 반가운 현상으로 받아들여지고 있다. 그린란드는 10세기 경 노르웨이의 바이킹족이 정착한 곳이다. 영원한 동토의 얼음 섬을 '푸른 땅', 즉 '그린란드'라고 이름붙였다. 그린란드라는 명칭이 주는 느낌은 얼음으로 뒤덮인 섬이 아니라 나무와 풀 등이 무성한 초원 지대를 연상케 한다. 실제로 그린란드는 여름이 되면 일부 지역은 꽃과 무성한 초지로 둘러싸인다. 심지어 여름철 기온이 20℃까지 올라가는 지역도 있다.

1000년 전 그린란드에 정착했던 바이킹들은 곡식을 재배하고 가축을 키웠다. 그후 400년이 지나서 지구의 소빙하기가 도래하자 그린란드를 떠났다. 1850년 경부터 100여 년 동안 그린란드는 다시 따뜻해졌다. 그후 또 다시 약 35년 동안 냉각기였다가 최근 또 다시 더워지고 있다는 것이다. 그린란드는 이렇게 일정한 기후 변화 패턴을

보여주었다. 기후가 온화했던 시기에는 감자와 각종 야채를 재배하였고, 목축이 잘 이루어졌다. 또한 사과나무를 심어 싱싱한 과일을 먹을 수 있었다고 한다.

지구 온난화가 그린란드 사람들에게는 많은 혜택과 기회를 주게 되는 것이다. 목축이 늘어나고 다양한 채소 재배가 가능해질 것이다. 과거 온화했던 시기에 그러했듯이, 사과 재배까지 가능해지는 것이다. 또한 얼음이 녹으면서 그린란드에 매장된 막대한 양의 석유와 다이아몬드, 구리, 아연, 니켈 등 천연 자원 채굴 가능성도 크게 높아질 것으로 내다본다. 그리고 그린란드 연안은 아시아, 북아메리카, 유럽 대륙을 연결하는 새로운 항로로 이용 가치가 높아질 것이다. 이렇듯 지구 온난화가 그린란드에서는 호재로 작용하고 있다.

그린란드 사람들에게 혜택을 주는 지구 온난화

그린란드 사람들은 지구 온난화의 이유가 이산화탄소 등 온실 가스의 증가 때문이 아니라 정기적인 기후 변화의 패턴이라고 생각하는 사람들이 많다. 그곳 사람들은 과거 조상들이 그랬듯이 기후 패턴이 바뀌어 온난한 시기가 도래하므로 사과나무를 심고 목축을 활성화할 준비를 하고 있다.

그린란드에서의 상황을 고려해보면 지구 온난화가 모든 인류에게 재앙만 가져다주는 것은 아닌 것 같다. 오히려 지구 온난화가 그린란드 사람들에게 많은 혜택을 가져다주는 행운의 현상으로 받아들여지고 있는 것이다. 그 중 온화한 지역의 대표적인 과일인 사과가 그린란드에서 재배될 수 있다는 것은 지구 온난화가 가져다주는 큰 혜택의 상징이다. 그린란드 사람들은 그들이 재배한 사과를 맛볼 수 있게 될 시기를 기다려왔는지도 모른다.

인류의 역사가 시작된 이래 사과는 운명적이면서도 상징적인 스토리를 많이 갖고 있다. 태초에 아담과 이브가 먹었던 '선악의 사과', 스위스 빌헬름 텔의 '자유의 사과', 뉴턴의 '과학의 사과', 나폴레옹의 '희망의 사과', 심지어는 동화 속 '백설 공주의 미혹의 사과'까지 말이다. 여기에 그린란드의 사과가 하나 더 추가되어야 할 것 같다. 지구 온난화가 탄생시킨 그린란드의 '온난화 사과'!

홋카이도에 원숭이가 사는 까닭은?

날씨가 추워지고 몸이 으슬으슬 피곤하거나 쑤시면 나이 지긋한 어르신들은 온천이 생각난다고 말씀하신다. 따뜻한 온천물에 몸을 담그면 피로도 풀리고 치료 효과를 볼 수 있다. 그런 이유로 옛날부터 사람들은 온천수가 나오는 곳에 목욕 시설을 설치하고서 온천욕을 즐겼다. 온천 주변 지역의 수려한 경치가 자연과 조화를 이루는 듯해서 더욱 그 효과가 잘 느껴지는 듯 했을 것이다. 의료 기술이 발달한 지금도 온천수를 이용한 치료법들이 각 나라마다 독특하게 발달하여 여러 질병 치료에 쓰이고 있다.

가까운 이웃 나라 일본은 화산 활동으로 생성된 섬이다. 그 결과 온천이 많이 분포되어 있다. 특히 일본의 가장 북쪽에 위치한 홋카이도는 전 지역이 세계적으로 유명한 온천 지대로 이루어져 있다. 또

한 홋카이도는 원숭이가 서식하고 있는 것으로도 유명하다. 처음부터 홋카이도가 원숭이의 자연 서식지는 아니었다.

일본에 서식하는 원숭이는 긴꼬리원숭이과의 일본원숭이로 분류한다. 열대나 아열대가 아닌 온대성 원숭이 중에서는 유일한 종이다. 이 일본원숭이가 살고 있는 지역은 세계 여러 원숭이들이 분포하는 북방 한계선(위도상 41° 30′, 즉 일본의 홋카이도 아래 지역인 아오모리靑森 지역에 해당한다)을 넘어선 것이기에 이해되지 않을 수 있지만 사람들이 우연히 홋카이도에 원숭이를 데리고 들어가게 되었을 때 한 원숭이가 온천물에 몸을 담그고 추위를 피하는 모습을 목격하게 되면서 원숭이의 안식처로 자리잡게 되었다.

그후 사람들은 인공적으로 온천 주변을 개발하여 원숭이가 서식할 수 있도록 했다고 한다. 지금은 온천욕을 하는 원숭이 사진이 일본의 상징이 될 정도로 유명해졌다. 따뜻한 지역에서만 서식하는 원숭이가 온천 주위에 모여 추운 홋카이도 기후를 극복하며 살아가고 있는

여유롭게 온천욕을 즐기는 원숭이의 표정이 인간을 너무나 많이 닮았다.

모습을 볼 수 있다. 원숭이들은 날씨가 매우 추운 겨울에도 뜨거운 온
천물이 솟아나는 계곡 주변에 모여 온천에 몸을 담근다. 이렇게 추위
를 이겨내며 생존할 수 있는 이유는 당연히 온천 덕분이다.

세계 곳곳에 분포하는 화산 활동의 산물

홋카이도에서 더 북쪽으로 올라가면 러시아의 캄차카 반도가 있
다. 이 지역 역시 세계에서 화산이 제일 많이 분포하는 곳이다. 이곳
은 300여 개의 화산이 분포하고 있다. '아바친스키' 화산을 비롯해
29개의 활화산이 지금도 유황 가스를 내뿜으며 활동하고 있다. 화
산 지대 곳곳에는 노천으로 드러난 온천이 산재해 있다. 지역 주민
들이나 여행객들은 언제든지 온천에 몸을 담그고서 추위를 달랠 수
있다.

그래서 캄차카 반도를 여행할 때는 아무리 추운 겨울이라도 반드시 수영복을 준비해가야 한다고 한다. 낚시하러왔던 관광객들도 낚시를 하다가 춥거나 피로해지면 바로 강 옆에 드러난 노천 온천에 몸을 담그고 휴식을 취하면서 피로를 푼다. 캄차카 반도의 주민들은 화산 활동을 오히려 신이 준 선물이라고 생각한다.

혹독한 추위를 견디며 살아가는 캄차카 지역 사람들에게는 뜨거운 열을 품어내는 화산과 그 화산 틈으로 폭포가 되어 떨어지는 따뜻한 온천수의 조화가 신의 축복이라고 생각할 수밖에 없었을 것이다. 이러한 자연이 그들에게는 경이로움과 고마움을 느끼기에 충분했다고 볼 수 있다.

한편 온천으로 유명한 곳 중 아이슬란드는 대서양 중앙 해저 산맥(해령)이 섬을 관통해 지나가며 해령이 지표로 드러난 유일한 지역이다. 그래서 아이슬란드에서는 뜨거운 지열이 발산되고 있는 해령의 틈을 직접 들여다볼 수 있다. 이러한 지형적 특징으로 생긴 온천들이 곳곳에 존재하는데, 그 중 세계 5대 온천의 하나인 '블루라군'이 있다.

이곳은 다른 온천들과는 달리 해수 온천에 해당하며 수천m²에 달하는 거대한 호수 같은 온천은 100℃에 달하는 온천수를 식혀 사람의 체온에 가까운 37~38℃를 연중 유지한다. 그 덕에 사람들은 오랜 시간 물에 몸을 담그고 휴식을 취하며 지치지 않고 온천욕을 즐긴다. 더욱이 마치 우유를 풀어놓은 듯 불투명한 파스텔 톤의 물색과 물 위로 피어오르는 수증기는 선녀들이 사는 천상을 연상케 한다. 그리고

에이야프얄라요쿨 화산이 폭발하여 용암이 흘러내리고 있다.

화산석이 온천수에 의해 규토로 변한 하얀색의 실리카 머드를 전신에 발라 마사지 효과를 내는 호사를 즐기기도 한다.

화산 활동의 또 다른 재앙

이렇게 경관이 아름답고 따뜻한 온천의 생성 과정에는 지구 내부에서 높은 온도와 압력에 의하여 용융된 마그마가 지각의 틈을 뚫고 지표로 분출되는 화산 활동이 동반된다. 그러나 그 결과는 인간 활동에 큰 피해를 주기도 한다.

예를 들면 2010년 4월 아이슬란드의 에이야프얄라요쿨 빙하 지역에서 일어난 화산 폭발로 화산재 섞인 구름대가 아이슬란드 남동쪽으로 이동해 영국, 노르웨이, 스웨덴, 핀란드, 덴마크 등 북유럽 하늘을 순식간에 뒤덮었다. 이때 유럽 전역의 항공기들이 6일 동안이나 운항하지 못해 엄청난 경제적 손실을 끼친 사건이 일어났다. 이처럼 화산 활동은 인간에게 유익한 온천을 제공하기도 하지만, 인간 활동에 커다란 재앙을 가져다주기도 한다.

지구가 생성된 이래 원시 지구 단계에서 지구 내부 에너지에 의해 용융된 마그마가 지각 틈을 뚫고 뿜어져 올라왔던 화산 활동은 지금의 지구 대기를 형성하기도 했다. 대기 중의 대부분의 수증기가 바로 화산 활동의 결과로 조성된 것이다. 지구가 생겨난 지 얼마 되지 않아 지구 곳곳에서 끊임없이 일어나는 화산 폭발로 인하여 엄청난 수증기들이 대기 중으로 올라와 상승하다가 응결하여 비를 내렸고, 상상하지 못할 정도의 폭우가 내려 바다를 이루고 물이 지표를 흐르며 골짜기와 다양한 지형을 형성했다. 이러한 과정이 끊임없이 진행되면서 현재 지구의 지형을 형성하였던 원인이기도 하다.

지질학자 등 과학자들은 화산 활동과 함께 동반되는 지진이나 끊임없이 녹아 움직이는 지구 내부의 운동에 대하여 연구하고, 화산 폭발을 예측하거나 이를 통해 피해를 최소화하려는 노력을 기울이고 있을 뿐만 아니라 지구 환경을 가꾸고 보존하려 애쓰고 있다. 이런 자세는 과학자들은 물론, 태양계에서 가장 아름다운 지구에서 살아가는 우리 모두가 해야 할 지구에 대한 예의가 아닐까 한다.

히말라야 산맥
깊은 협곡 속의 보물

'과학'이라는 단어를 들으면 어떤 사람들은 어렵고 재미없고, 딱딱하다는 느낌을 받을 수도 있다. 하지만 우리 주변에는 늘 '과학'이 존재하고 있다.

우리가 사는 지구도 과학으로 가득 차 있으며 무수히 많은 생명체와 다양한 환경이 서로 유기적인 관계를 유지하며 하나의 거대한 계系를 이루면서 상호 영향을 주고 받는다.

지구는 표면 구조가 지각과 맨틀 일부를 포함한 두꺼운 판이라고 부르는 조각들로 덮여 있으며, 판은 대륙판과 해양판으로 구분한다. 대륙판은 해양판과 비교하면 밀도가 작아서 두 판이 서로 충돌하면 밀도가 큰 해양판이 대륙판 밑으로 내려간다. 판의 이동에 따라 지각이 소멸되기도 하고 생성되기도 한다.

그 판들이 끊임없이 움직이며 다양한 지각 변동이 일어나는 과정을 설명한 것을 판 구조론이라고 한다. 판들은 몇 개의 조각으로 나뉘어 갈라지거나 충돌하면서 지진과 화산 활동을 일으키고 거대한 습곡 산맥을 형성한다. 그 중에서 히말라야 산맥은 두 대륙판이 서로 충돌하여 만들어진 결과이다. 밀도가 같은 대륙판인 인도 판과 유라시아 판이 충돌하면서 위로 솟구쳐올라 깎아지른 듯한 높은 산맥을 형성한 것이다.

이렇게 활발한 지구의 활동으로 인하여 인간은 큰 피해를 당하기도 한다. 그렇지만 늘 인간에게 재앙만 안겨주는 것은 아니다. 그 반대의 영향을 주기도 한다.

어느 날 TV 방송에서 히말라야 산맥 깊숙한 곳에서 소금을 만들어 팔아서 살아가는 사람들에 대한 다큐멘터리를 본 적이 있다. 대략적인 내용은 다음과 같다.

해발 고도 4000m 이상인 중국 윈난성과 티베트 자치 지구에서 소금을 생산하는 이야기이다. 난창 강(메콩 강 상류)변 옌징 지역의 강 기슭에는 수십 개의 소금 우물이 존재한다. 그 지역의 여자들은 아주 깊숙한 협곡에 존재하는 소금 우물에서 30~40kg이나 되는 무거운 소금물을 아무런 도구나 기계장치의 도움 없이 직접 길어 옮긴다. 그 소금물을 협곡 주변에 다랭이 논처럼 아슬아슬하게 만들어놓은 붉은 땅에 부어준다. 그리고 기다리면 햇볕에 물이 증발되고 소금을 얻게 되는 것이다.

소금을 만들기 시작하는 시기는 대략 복숭아꽃이 피는 시기인 4월부터 6월에 걸쳐서이다. 이때 만들어지는 소금을 '도화염'이라고도 부른다. 이렇게 생산한 소금은 먼 곳까지 팔러가게 된다. 소금을 팔러나가는 사람들은 집안의 남자들인데, 소금을 팔러 티베트를 거쳐 히말라야 산맥을 넘는다. 험준한 산맥을 몇 번이나 넘으면서 목숨을 걸고 머나먼 장삿길을 나서는 것이다. 몇 개월이 걸리는 길을 떠나 식량과 생필품 등으로 바꾸어 다시 집으로 돌아오는 고단한 삶을 사는 사람들의 애환이 담긴 내용이라고 할 수 있다.

내륙 깊숙한 곳에 어떻게 소금물이……

'도화염'을 만드는 옌징 사람들은 이 소금밭이 어떻게 만들어졌다고 믿고 있을까?

그곳 사람들은 소금과 관련하여 조상 대대로 내려오는 전설을 믿고 있다. 전설의 내용은 6740m의 신산으로 불리웠던 '카와거보'가 그의 딸을 6360m의 높은 산인 '따메옹'에게 시집을 보내게 되었는데 딸이 시집을 가게 되는 옌징 지역의 사람들이 질병으로 고통받고 있는 것을 보고서 안타까운 마음에 따뜻한 소금물이 나오는 우물을 만들어 치료를 하게 하였다고 하는 것이다. 이러한 전설을 품고 있는 소금밭은 1000년 전부터 존재했다고 한다.

하지만 전설과는 다르게, 실제로는 소금물의 정체를 과학으로 풀어볼 수 있다. 즉 지구 내부의 맨틀 대류에 의하여 지각의 대변동이

깊은 골짜기 우물에서 소금물을 등에 지고 나르는 히말라야 옌징의 여인들(좌)과 비탈 경사면을 따라서 개간한 계단식 염전.

일어났다. 이때 바다가 위로 솟아오르며 바닷물도 같이 높은 고산 지대까지 끌려올라와 지각 틈새에 고여 있다가 소금물이 고인 우물로 발견되었던 것이다.

이와 같이 사람과 동물들에게 없어서는 안 될 소금이 오래 전 히말라야 산맥이 만들어지는 시기에 융기에 의한 지각 변동이 일어나면서 바닷물이 함께 끌려올라온 것이다. 험준하고 매우 높은 고원 지대 골짜기 틈새에 자리를 틀고서 우물 형태로 고여 있었던 것이 인간에게 발견되어 소금으로 재탄생한 것이다. 이러한 지구과학적 사실이 척박한 지역에서 살아가는 사람들에게 생계수단이 되었다는 것이 경이롭기만 하다.

오래 전 '과학'이라는 단어나 의미도 몰랐던 사람들이 소금물을 증발시켜 소금을 얻는 방법을 이용하였고, 지각 변동은 몰랐어도 신이 주었다고 믿으며 소금 우물을 소중히 여기고, 고되지만 그 우물로부터 소금을 만들어 내다팔아 생활을 해왔던 그들의 지혜가 감탄스럽기만 하다.

지구가 품고 있는 소금의 다양한 얼굴

히말라야 산맥뿐만 아니라 세계 곳곳에서 다양한 방법으로 소금을 얻어 살아가는 사람들이 많다. 예를 들면 폴란드의 유네스코 세계 자연 유산으로 등재된 소금 광산은 약 700년 전에 발견되어 소금을 생산하여 부를 축적했다고 한다. 그리고 지금은 관광 명소로 각광을 받으며 폴란드 관광의 주요 명소이다. 사람들은 세계 곳곳에서 이 소금 광산을 보러 끊임없이 찾아온다.

그런가 하면 지구 반대편에도 거대한 소금 사막이 존재한다. 볼리비아에 있는 우유니 소금 사막이다. 우유니는 해발 3500m 이상의 고산 지대에 자리 잡은 호수 형태이며, 건기에는 딱딱하게 굳은 소금이 드러나 사막 형태를 보여준다. 이곳 역시 지각이 융기하면서 바닷물이 끌려올라와 형성된 곳이다. 빙하기에 얼었던 얼음이 녹아 호수를 만들었다가 건조한 기후로 변하면서 사막이 되었다. 비가 오면 물이 고여 마치 커다란 거울처럼 반사되어 아름다운 풍경을 보여준다. 그래서 세계에서 가장 큰 거울이라는 별칭을 가지고 있다. 이곳의 소금은 순도가 높고 불순물이 적어 씻어서 바로 먹을 수 있을 정도이다. 소금의 양은 최소 100억 톤 이상으로 추정되며 볼리비아 사람들이 수천 년이나 먹을 수 있는 양이라고 한다.

다시 지구 반대쪽으로 눈을 돌리면 아프리카 대륙의 에디오피아 다나킬 지역 역시 소금으로 유명하다.

다나킬은 세계에서 가장 살기 힘든 혹독한 기후를 지닌 곳이다.

해수면보다 약 110m 정도 낮은 지역으로 매우 건조하고 낮 기온이 50~60℃를 육박하는 아주 뜨거운 지역이다. 화산 활동도 매우 활발하여 유황 냄새와 주변 지역이 온통 노란 유황으로 덮여 있어 풍경은 마치 외계 행성에 온 듯한 느낌이 든다. 대부분 유황이 녹은 황산 성분의 뜨거운 호수와 간헐천 그리고 건조한 소금 지대가 펼쳐져 있다. 그곳에서 카라반들은 오래 전부터 소금을 캐어 생계를 유지해왔다. 현재 약 100만 톤 이상의 소금이 있을 것으로 추정하고 있다.

동남아시아의 내륙 국가인 라오스에서도 바다가 전혀 존재하지 않는 데도 불구하고 산골 마을에서 염전을 일구어 생계를 이어가는 곳도 있다. 이곳은 지하 190m에서 소금물을 끌어올려 물을 증발시켜서 소금을 얻는다고 한다.

이렇게 사람이 살기 힘든 지역이지만 소금을 얻기 위해 어떤 환경이라도 인간은 그곳에 들어가서 소금을 구했던 것이다. 그만큼 인간에게 소금은 아주 중요한 음식 재료였다.

그리고 여러 지역에서 발견되는 소금의 형태 또한 다양하다. 고산 지대의 경우에는 바닷물이 갇히거나 암석의 형태로 발견되고, 바닷가 지역에서는 직접 바닷물을 증발시켜 소금을 채취하는 방법으로 소금을 생산한다.

우리가 살고 있는 지구!

지구는 참으로 많은 '과학'을 품고 있으며, 그 보물을 언제든지 우리에게 내어주기도 하고, 한편 인간에게 마치 욕심을 부리지 말라고 커다란 재앙을 던지기도 한다. 우리가 인식하지 못하고 있는 지금 이 순간에도 지구는 살아 숨을 쉬며 끊임없이 변신하고 있다는 사실과 지구를 사랑하는 인간의 생활 태도가 절실하다는 생각을 해 보는 때다.

'야한 생각'을 하면
머리카락이 빨리 자랄까?

겨울이 다가오면 사람들은 오리, 거위, 밍크, 여우, 토끼, 양, 라쿤……등 많은 동물의 털을 이용하여 추위로부터 신체를 보호하려고 한다. 쇼 윈도우에는 럭셔리한 밍크 코트, 두툼한 구스 점퍼 등이 유혹의 손길을 보낸다. 털이 없으면 살 수 없는 많은 동물들은 자신의 털을 인간의 보온과 미적 욕구를 충족시켜주기 위해 희생한 것인가? 아니면 인간의 욕심에 의해 약탈당한 것인가? 한 번 고민해볼 문제라고 생각한다.

포유류에게 털은 자신의 몸을 보호하고 체온을 조절하는 데 매우 중요한 기능을 한다. 추울 때는 털을 곧추세워 피부 밖 공기층을 두껍게 함으로써 열의 발산을 막아 체온을 조절하며 상대에게 자신을 매력적으로 보이게 하거나, 주변 환경에 몸을 숨길 수 있게 도와주기도 한다. 수염도 털의 일종으로 몇몇 야행성 동물에게는 중요한 감각 기관이기도 하다.

동물의 수컷은 영양 상태가 좋으면 털도 윤기가 나고 아름다워지기 때문에 암컷은 털을 보고 그가 다른 수컷에 비해 힘이 센지, 건강한 새끼를 낳을 수 있는지를 짐작한다. 동물들은 실제로 겨뤄보지 않아도 덩치가 더 큰 쪽을 강한 자로 여기고 행동하기도 한다. 그래서 적을 만나면 털을 이용해 상대방을 위협하는데, 많은 포유류가 털을 곤두세워 실제보다 몸집을 더 커 보이게 한다.

북극여우의 털은 여름에는 짙은 회갈색이지만, 겨울이 되면 눈처럼 흰색으로 변한다. 주위 환경에 따라 털 색깔이 변하는 것은 천적이나 사냥감의 눈에 띄지 않기 위한 보호색을 갖기 위해서이다. 유난히 긴 낙타의 속눈썹은 사막의 강한 햇빛과 모래 바람으로부터 눈을 보호하는 역할을 하며, 코털은 폐로 들어가는 공기의 필터 역할을 한다.

동물들의 털! 그리고 인간에게 남아 있는 털은 어떤 비밀을 숨기고 있을까?

인간에게 남아 있는 털

인간은 진화하면서 몸 일부에만 털이 남아 있는 것처럼 보이지만 실제로 털은 손바닥, 발바닥, 입술 등 몇 군데를 제외한 피부 전체에

존재한다.

무슨 이유인지는 모르지만 사람들은 '털'이라는 말을 그다지 좋게 생각하지는 않는 것 같다. 단적인 예로 "양심에 털 난다."라는 말은 아주 부정적인 의미가 있다. 특히 여성들은 겨드랑이에 난 털은 부끄러워하며 아예 영구적으로 없애기도 한다. 털 입장에서는 서러운 일이다.

사람에게 털은 외모를 결정하는 데 중요한 영향을 주며 기능적으로도 체온 조절이나 햇빛, 먼지, 땀 등으로부터 몸을 보호하고 마찰력을 감소시키는 역할을 한다.

특히 머리카락은 외부의 충격으로부터 머리를 보호하는 데 중요하다. 그리고 털이 존재하는 모낭에는 신경이 많아 예민하다. 남녀가 사랑을 나눌 때 머리를 쓰다듬어주면 더욱 감정적이 되는 이유도 그 때문이다.

머리카락은 모낭 주변의 죽은 세포들이 밀려나와 만들어진다. 에

스트로겐이나 프로게스테론 같은 여성 호르몬은 머리카락의 발육을 촉진하는 효과가 있다. 이 호르몬이 많이 분비되면 머리카락이 빨리 자라고 잘 빠지지 않는다.

그래서 이 두 호르몬 분비량이 많은 임신 중에는 머리카락이 잘 빠지지 않다가 출산한 뒤 한꺼번에 빠지는 탈모 현상이 나타나기도 한다. 이러한 맥락에서 "야한 생각을 하면 머리카락이 빨리 자란다."는 것은 과학적으로도 일리 있는 말이다. 그러나 과학적인 연구를 통해 검증된 이론은 아니다.

남성의 경우에 털의 변화를 조절하는 가장 중요한 호르몬은 남성 호르몬인 안드로겐이다. 성기 주위, 겨드랑이 털, 턱수염, 콧수염 등은 남성 호르몬에 의해 많아지기 때문에 "야한 생각이 머리카락을 빨리 자라게 한다."는 속설이 시기적으로 사춘기 때에는 잘 들어맞는다. 그러나 아이러니하게도 정수리나 앞머리의 머리카락은 이와 반대로 남성 호르몬이 많아지면 가늘어지거나 빠질 수 있어 대머리 아저씨를 만드는 주범이 된다.

머리카락은 우리 몸에서 뼈 다음으로 신진 대사가 활발한 곳으로 세포 안에 담긴 다양한 정보들을 빠르게 기록해놓는다. 따라서 머리카락에는 그전의 세포에 대한 모든 정보가 담겨 있다. 바로 우리 몸의 과거를 저장하는 창고인 셈이다.

특히 머리카락에는 큐티클이라는 코팅 층이 있어서 안에 있는 정보가 밖으로 빠져나가지 못하게 되어 있다. 그래서 머리카락을 분석하면 혈액형은 물론, 중금속 오염과 필수 미네랄의 균형 여부, 특정 약물의 복용 사실(예: 운동 경기 전 선수들의 약물 복용 여부 검사) 등을 알아낼 수 있다.

머리카락 유전자 검사

위대한 작곡가 베토벤은 청력을 잃은 것과 더불어 만성 복통과 소화 불량, 우울증에 시달렸으며, 이유 없이 화를 내고, 절망에 빠지며 한때 자살을 결심하기도 했다. 이렇게 절망에 빠뜨린 병이 무엇이었는지 그가 죽은 뒤에 온갖 억측이 난무했지만 모두 과학적 근거를 찾지 못했다.

그러다가 1999년에 미국 시카고의 한 연구소에서 베토벤의 머리카락을 입수해 분석한 결과, 정상인의 100배에 달하는 납 성분이 검출되었다는 놀라운 결과를 발표했다. 납 중독으로 인한 가장 큰 장애는 중추 신경계 장애인데, 뇌 조직에 침입하면 심한 흥분과 발작, 정신 착란 증상을 일으킨다. 그 외에도 납 중독은 위장 장애, 근육 계통의 장애를 유발한다. 그리고 납이 청각 장애를 일으킨다는 보고도 있다. 베토벤이 그렇게 절망한 이유가 머리카락에 그대로 남겨져 있었다는 것이다.

최근 최첨단 분석 기계와 분석 방법이 개발되면서 갈수록 머리카락에서 얻을 수 있는 정보가 많아지고 있다. 건강, 식성을 알 수 있고, 조상을 찾을 수 있고, 범인과 범행 현장의 상황(머리카락의 잘린 모양으로)도 알려준다. "조사하면 다 나온다."는 형사의 말은 바로 머리카락을 통한 일명 유전자 감식이다.

머리카락은 이제 생리적 기능뿐만 아니라 어려운 삶의 문제를 해결하는 데에도 중요한 기능을 하는 내 몸의 일기장이다.(이순섭,『뉴시스 사이언스』, 2013)

괴력의 삼손! 힘의 비밀은 머리카락

머리카락 하면 소설 같은 성경 이야기도 있다. 구약 성서 〈사사기〉제13장~16장까지에 나오는 삼손의 이야기다.

맨손으로 사자의 입을 두 손으로 찢어버리고 당나귀 턱뼈를 휘둘러 수천 명을 단숨에 저승길로 보내버린 무적의 사나이 삼손은 괴력을 가진 사나이다. 어머니의 뱃속에서부터 신에게 바쳐진 이스라엘의 삼손에게는 몇 가지 지켜야 할 금기가 있었다. 독한 술과 부정한 음식을 피하고 괴력을 나오게 하는 머리카락을 절대 자르지 않는 것이다.

이스라엘과 블레셋Pheleseth(지금의 팔레스타인 지역, 팔레스티나Palestina의 히브리어 이름) 민족은 전쟁을 하게 되는데, 이스라엘의 삼손은 혼자 적지에 들어가 놀라운 힘으로 적장을 넘어뜨리고 군사를 추격하여 사람들을 놀라게 했다. 블레셋인은 그를 당할 수 없다는 것을 알자, 미녀 데릴라를 이용하여 삼손의 마음을 사로잡고서 그 힘의 비

<삼손과 데릴라> (스톰 마티아스, 1630년 경)

밀을 알아낸다. 술로 인해 순간적으로 판단력이 흐려진 삼손은 사랑하는 여인 데릴라가 계속 캐묻는 자신의 비밀, 곧 자신의 힘은 길게 자란 머리카락에 있다는 비밀을 알려준다. 이 말을 들은 데릴라는 삼손이 술에 취해 자신의 무릎에서 잠이 들자 사람을 불러서 삼손의 머리카락을 자르게 한다. 머리카락이 잘려나가버려서 더 이상 힘을 쓸 수 없게 된 삼손은 저항 한 번 못하고서 블레셋 사람들에게 잡혀가 눈알이 뽑혀버리고는 온갖 박해를 받고 청동 사슬에 묶여 커다란 맷돌을 돌리게 되는 노예 신세가 된다.

블레셋인들의 축제날 신전 앞에 끌려온 삼손은 신에게 최후의 힘을 줄 것을 기도한다. 그리하여 다시 괴력을 회복한 그가 신전을 지탱하는 두 기둥을 흔들어 신전을 무너뜨리고, 3000여 명의 블레셋 사람들과 함께 그 자신도 죽어간다는 내용이다.

삼손처럼 괴력의 힘이 숨어 있을 수 있는 머리카락!

머리카락이 자라는 속도는 하루 평균 0.3mm 정도이며 한 달에 약 1cm 정도 자란다. 1년간 머리카락을 자르지 않을 경우에 평균 12cm가 조금 넘는 길이로 자라게 된다. 그렇지만 모발의 성장 속도는 성별, 나이 및 계절, 그리고 영양 상태 등과 같은 다양한 조건에 따라 사람마다 다르다. 또한 연령대로는 청년기에 가장 빠른 속도로 자라다가 나이를 먹을수록 성장 속도가 둔화되어 20대 이후에는 점점 느려지게 되는 것이 알려진 생의학적 사실이다.

이렇게 알려진 털에 대한 과학은 아직도 연구해야 할 정보가 많이 남아 있다. 그렇다고 머리를 쥐어짜는 연구가 필요한 것은 아니며 여유가 있으면서도 온화함이 가득한 연구를 통해 털과 머리카락에 대한 물리학적인 과학, 생물학적인 과학의 정보를 더욱 넓혀나가길 기대한다.

3

과학!―즐거움으로 거듭 나다

알면 과학!
모르면 마술!

얼마 전에 필자는 연말 송년회에 참석한 적이 있었는데, 프로그램 중에 아주 신기한 마술을 보여주는 시간이 있었다. 모든 사람이 기대하는 프로그램이었고, 드디어 멋있게 분장한 마술사가 나타나서 몇 가지 신기한 마술을 보여주면서 참석자의 흥을 돋게 하였다. 흠뻑 박수를 받고 난 마술사는 보여준 마술에는 과학을 이용한 것이 대부분인데, 과학의 원리를 찾아낸 분에게 마술 기구 한 가지를 선물하겠다고 하였다. 현란한 손놀림도 있고 천천히 보여주기도 하는데, 청중들은 과학의 원리를 찾지 못하는 아쉬움으로 전전긍긍한다. 이때 누군가 손을 들고 일어서서 탄성력을 이용하고, 자기력을 이용하여 이렇게 저렇게 한 것은 아니냐고 설명한다.

옳거니………. 마술사와 청중들로부터 힘찬 박수를 받으며 맞춘

대가로 신비하고 호기심 가득한 '마술 기구 바구니'를 선물로 받은 그 사람이야말로 송년회의 주인공이 되었는데, 자신을 소개하는 시간에 보니 다름 아닌 과학 선생님이었다.

대중 속으로 깊숙이 들어온 과학

과학이 대중 앞에서 춤을 춘다. 이제는 과학이 마술 속에도 숨어 있고, 속담 속에도 들어 있고, 여행 가방 속에도 과학은 가득하다.

오랫동안 과학이 실험실의 시험관 속에 갇혀 있던 시대가 있었다. 과학실의 기구장 속에만 고이 모셔져 있던 과학 기구들로 인해 과학을 직접 하지 않는 사람들은 그 결과물들을 그저 누리는 정도에 불과했다.

우리 삶의 곳곳에 배어 있는 과학의 모습에 대해서 눈뜬 장님이나 다름없던 오랜 시간들, 이제 많은 사람들의 노력으로 과학은 두꺼운 외투를 벗고서 대중 속으로 깊숙이 들어와 있다. 특히나 마술가들도 과학을 대중화하는 데 큰 역할을 해왔다고 할 수 있다.

세계적인 마술사 데이비드 카퍼필드는 사람의 머리가 180° 돌아 등 쪽으로 붙어 있게 하거나 '자유의 여신상'을 사라지게 하고, 만리장성을 통과하는 등의 기적 같은 마술을 보여줌으로써, 과연 어떻게 저런 마술을 할 수 있을까에 대한 과학적인 궁금증을 불러일으키고 있다.

우리나라에도 이은결 마술사를 비롯해 여러 명의 세계적인 마술사들이 있으며, 젊은 마술사들이 유명 연예인처럼 유명해지고 마술 캠프, 마술 교실 등이 인기를 얻고 있다.

마술은 손놀림을 발달시키고 자신감을 높이는 등의 교육적인 효과로 어린 학생들은 물론, 많은 사람의 주목을 받고 있다. 그래서 교육 마술이라는 이름으로 대중화를 시도하고 있다.

마술을 배우고 활용하면서 집중력과 발표력 그리고 리더십 향상과 같은 교육 효과를 뛰어넘어 흥미와 재미를 통한 창의적인 생각을 갖게 하기도 한다.

최근에는 매직 사이이언스Magic Science(과학 마술)로 마술을 과학 교육에 활용하는 방법을 연구하는 과학 교사들도 많아지고 있다.

여러 가지 도구나 재료의 특성 또는 물질 고유의 상태를 이용하고, 과학에 대한 지식, 특수한 장비, 그리고 사려 깊은 기술을 활용하며 여기에 약간의 속임수를 첨가하여 그 원리를 알지 못하는 대중에게 마치 마술을 부린 것처럼 신기하게 느끼도록 하는 과학적인 연기 활동을 매직 사이언스라는 이름으로 확산시키고 있는 것이다.

마술을 자세히 들여다보면 일부러 시선을 끌기 위한 동작, 즉 미스디렉션Misdirection이라든가, '상식의 역이용'이라는 방법을 활용하는 심리적인 게임, 청중의 표정, 눈동자의 움직임, 목소리 톤이나 제스처 등을 통해 상대방의 마음을 파악하고, 눈을 속이기도 하지만 무엇보다도 과학을 이용한다는 것이 중요하다. 대개 착시(눈이 일으키는 자연적인 착각 현상)의 원리를 이용하여 그 착시를 어떤 방식으로 보여줄 것인가를 연출하거나 거울의 반사를 활용하여 착각을 일으키게 하고, 자석을 이용한 자기력을 비롯해 투시, 중력(무게), 마찰력, 탄성력, 소실, 전기력, 화학 반응 등의 과학 원리가 흔히 마술에 숨어 있다.

마술사들은 과학적으로 불가능한 것처럼 보이는 효과들로 청중들을 놀라게 만들지만, 그 안에 불가능을 가능하게 보이게 하기 위해 과학 원리를 이용하고 있다는 측면에서 과학자들만큼이나 연구와 노력을 하고 있다는 생각이 든다.

마술을 통해 배우는 과학 원리

과학 마술이나 시범 실험이나 과학 쇼나 모두 극적인 순간을 연출하여 호기심을 일으키게 하고 학생이나 일반인들도 직접 해봄으로써 과학 원리를 좀 더 쉽게 이해하고 오래도록 기억하게 하는 방법 중의 하나로서 같은 맥락으로 발전해왔다.

이미 400년 전에 코메니우스는 "말로 시작하는 것이 아니라 실생활이나 물리적 현상을 중심으로 직접 관찰하면서 경험할 수 있도록, 그것도 될 수 있으면 더 극적으로 전개한다면 과학을 더 잘 이해하게 된다."는 시범 실험의 방법을 지적한 바 있다.

따라서 마술을 통해 쉽고 재미있게 과학의 원리를 배우는 '과학 마술'에 대한 관심은 과학을 대중화하는 데 큰 역할을 한다고 볼 수 있다. 과학은 논리적인 것이고, 마술은 비논리적인 것이라는 생각에 갇혀 있기보다는 마술 속에 과학이 숨어 있기 때문에 실제 과학 마술의 세계 속으로 들어가 보는 재미를 권하고 싶다.

마술사들이 흔히 하는 이야기 중에 "알면 과학, 모르면 마술!"이라는 말이 있다. 이 말은 말 그대로 마술을 처음 보면 놀라움과 신기함에 호기심이 생기게 되고, 그 비밀에 관심이 생겨서 더 자세히 관찰하여 그 원리를 알아내게 되는 과학자적인 태도가 생기게 된다는 뜻을 포함하고 있다.

과학의 공식과 이론이 난해한 껍질 속에 파묻혀 있었던 시절은 가고, 껍질을 뚫고 나온 과학이 생활 속에 자리 잡기 시작하면서 우리는 일상의 많은 부분을 과학적으로 생각하고 이해할 수 있게 되었다.

나도 해보는 과학 마술

식탁 위에서 간단히 해보는 마술을 하나 소개하겠다. 약간 두껍고 연한 미색의 라텍스 풍선(좁아지는 목 입구를 가위로 잘라낸 것)과 50원짜리와 10원짜리 동전 각각 1개, 투명 유리의 맥주잔을 준비하자. 그리고 무릎 위에 50원짜리 동전을 올려놓고서 라텍스 풍선을 양손으로 최대한 벌려 투명하게 늘려서 동전 위에 대고 살짝 놓으면 동전은 풍선에 물려 떨어지지 않는다. 이것을 맥주잔 입구에 대고 동전이 컵 안쪽으로 들어가는 방향이 되게 하여 양손으로 당기면서 팽창된

고무풍선 위에 놓여 있는 동전

풍선은 그대로 있는데 동전이 풍선을 통과하여 컵(또는 비이커) 안쪽 바닥으로 떨어진다.

상태로 씌우면 동전이 풍선 위에 올려진 것처럼 보인다.(실제로는 풍선이 동전을 잡고 있는 것)

이어서 10원짜리 동전을 실제로 풍선 위에 올려놓으면 두 개의 동전이 모두 고무풍선 위에 올려진 것처럼 보인다. 여기까지는 가족 모르게 한다.(물론 10원짜리와 50원짜리를 바꾸어 해도 된다.)

자, 이제 식탁 위에 앉아 있는 가족들에게 다가가 "풍선 위에 올려진 동전 두 개 중 하나를 선택하면 그 동전을 풍선이 뚫어지지 않은 채 컵 안 바닥으로 집어넣어보겠다."라고 말한다.

그러면 가족 중에서 동전을 지정하게 되는데, 대부분 더 비싼 50원짜리 동전을 선택하게 된다. 만약 10원짜리 동전을 선택하면 다른 가족에게 선택권을 주어 50원짜리 동전을 선택하게 한다.(심리적 작용)

드디어 잘 될지 두근거리는 마음으로 마술을 부린다. "수리 수리 마술이……동전아 컵 안쪽으로 들어가라……." 하면서 50원짜리 동전을 살짝 누르면 동전은 '탁' 소리를 내며 컵 안쪽 바닥으로 떨어진다.

온 가족은 얼마나 신기해할까?

이때 실험자는 자신 있게 설명해준다. 이것은 바로 탄성력 때문이라고⋯⋯. 동전의 탄성력에 의해 고무풍선이 동전을 감싸쥐어 바닥으로 떨어지지 않으며, 풍선 위로 볼록 올라와 실제로 위에 올려놓은 10원짜리 동전과 같아 보이게 한다는 사실! 마술사들은 이렇게 과학을 잘도 이용한다.

이런 방법으로 탄성력, 마찰력, 중력, 전기력 등 힘에 대한 원리와 사용 방법 그리고 화학 반응 실험 등을 통해 극적인 효과와 더불어 과학을 공부한다면 과학이야말로 얼마나 재미있을까?

과학과 함께 발전해온 마술을 '과학 마술'이라는 이름으로 접근하면서 연구하고 발전시키면 과학의 배움이 훨씬 더 흥미롭지 않을까?

건전지와 호일로
불을 켜는 마술

과학이 그렇게 멋지고 신기한 것인지 감동한 대학생의 이야기, 1970년대의 대학 1학년 때 일이다. 누구나 다 그렇겠지만 그 당시 대학 1~2학년 때는 써클(동아리)에 가입하여 활동하는 것이 유행이었다. 요즈음 대학생들도 그런지는 모르지만…….

어느 가을날 동아리에서 몇몇 그룹으로 나누어 MT로 등산을 가기로 하였다. 각 그룹마다 코스를 달리하여 올라가서 점심은 그룹별로 준비하여 산의 정상 어디 쯤에서 해결하고 하산할 때 전체 동아리 회원들이 산의 입구에서 만나기로 약속하였다.

하루 전날 우리 그룹은 대학 캠퍼스 등나무 아래에 모여 메뉴를 상의하였고 논의 결과 쌀과 상추, 된장 그리고 돼지 삼겹살을 준비하며 점심을 해먹기로 하였다. 물론 석유 버너와 코펠을 가지고 가

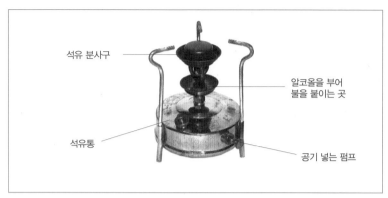

등산용구—석유 버너

게 되었다.

MT 당일, 단풍이 든 아름다운 가을 산을 보면서 즐거운 마음으로 등산을 하고 점심 때가 되어 우리 그룹(남학생 3명, 여학생 4명)은 산 중턱에서 점심을 먹기로 하였다. 요즈음은 산불 방지를 위해 산에서 버너와 같은 장비를 이용한 취사 행위를 금지하고 있지만, 당시는 아무 산에서나 버너와 코펠을 이용해 밥을 지어먹을 수 있었다.

7명이 편하게 앉을 수 있는 곳을 찾아 돗자리를 폈고, 물병의 물로 쌀과 상추를 씻은 뒤에 밥을 하기 위해 버너에 불을 붙여야 했다.(지금은 간단히 가스로 된 소형 가스 버너를 갖고 다니거나 부르스타를 사용하는 것이 보통이지만, 그때는 등산용 석유 버너를 한창 사용하였던 때이다. 석유 버너는 버너통에 석유가 들어 있고 분사되어 나오는 곳 아래 부분에 알코올을 담아 알코올에 불을 붙여 미리 예열한 다음에 석유통에 달려 있는 피스톤으로 바람을 넣어 펌프 작용을 하면 위쪽 분사구로 스프레이처럼 가는 석유가 나오면서 가스 불처럼 불꽃이 붙게 된다.)

그런데 이게 웬일인가? 성냥을 찾아도 없다. 분명 어제 준비한 것 같은데, 아무리 여기저기 배낭 속을 찾아보아도 성냥은 없었다. 우리들 중에는 흡연하는 학생이 없었고, 그래서 라이터나 성냥 또한 없었다.

이런 낭패가! 우리는 모두들 서로 얼굴만 쳐다봤다. 밥을 할 수도 없고, 물론 양념으로 재워온 삼겹살도 먹을 수 없었다. 주변에 다른 사람에게 성냥을 빌리려 해도 등산객이 보이지 않는다. 그래서 할 수 없이 한 남학생이 부싯돌로 원시인처럼 불을 붙이려고 돌멩이를 서로 부딪혀보았으나 도저히 되지 않는다. 나무와 나무를 서로 마찰시켜 불을 얻는다는 것도 쉬운 일이 아니다. 도저히 불을 붙일 수가 없었다. 한 명이 산 아래로 달려가 성냥을 구해오려고 달려가려는데, 그 중 우리보다 1년 선배가 되는 과학을 전공하는 학생, 즉 우리 그룹의 리더가 잠깐 기다리라고 하고서 곰곰이 생각하더니 과학을 이용해 불을 붙인다며 얼마든지 가능하다는 것이었다. 다른 사람들은 무슨 농담을!……이라고 하며 믿지 않았지만, 한 가닥 희망을 갖고 어떻게 하느냐고 궁금해 하며 다들 모여 그 선배의 일거수일투족을 쳐다보고 있었다.

삼겹살을 구워먹기 위해 준비해온 알루미늄 호일과 다른 여학생이 갖고 다니는 소형 라디오 속에서 건전지(손가락 굵기의 충전지)를 꺼낸다.

지금부터 놀라지 말라고 하더니만 지금도 상상할 수 없었던 신비한 실험으로 불을 만드는 것이다.

　지금도 그 선배가 보여준 멋진 실험을 기억한다. 우리는 그 선배 덕택에 산 속에서 밥을 짓고 삼겹살과 상추 그리고 된장으로 아주 맛있는 점심을 먹을 수 있었으며 즐거운 기분으로 MT를 마칠 수 있었다.

　과학의 신비스런 당시의 추억은 만나는 친구들의 단골 이야기거리이다.

　그 실험이란 바로 알루미늄 호일과 건전지(충전지) 2개를 이용하여 불을 만든 것이다

　둥글게 말린 알루미늄 호일을 넓적하게 잘라 펼쳐놓고서 그 위에 라디오에서 뺀 손가락 굵기의 소형 건전지(충전지)를 하나는 볼록하게 튀어나온 (+) 부분을 위로 오게 세우고 다른 하나는 (-) 부분이 위로 오게 하여 놓는다.(서로 거리는 약 10cm 정도 띄어놓는다.)

　그리고 알루미늄 호일을 아주 가늘고 길게 잘라서 두 건전지(충전지)가 세워진 윗부분에, 즉 하나는 (+) 부분, 하나는 (-) 부분에 접촉하여 놓았다. 그러더니 잠시만 살펴보라고 하였는데, 약 20초~30초 정도 시간이 지나자 가늘고 긴 호일의 중간 부분이 전열기의 저항체처럼 빨갛게 달아오르는 것이 아닌가. 이때 그 선배는 재빨리 화장지를 꺼내 그 호일에 대어 불을 붙였다.

　이 얼마나 멋진 마술 같은 과학인가!

　나머지 우리 모두는 힘껏 박수를 쳤고 그 선배가 어찌나 멋져 보

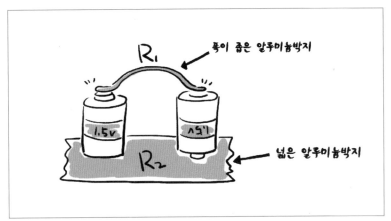

넓은 알루미늄박지

폭이 좁은 알루미늄박지

1.5v

1.5v

R₁

R₂

1996년 11월 시행 대학 수학 능력 시험 과학 탐구 문제

이는지……. 그리고 과학이 이렇게 신비한 것인지 모두는 감동하고 또 감동하였다.

곧 마른 나뭇잎에도 불을 붙이고 버너의 알코올에 옮겨 붙여 결국 버너 불을 켠 다음에 밥을 하고 삼겹살도 구워 맛있는 점심을 먹게 된 것이다.

새삼스럽게 과학을 하는 사람들은 남보다 머리가 좋고 똑똑하고 또 신기하다는 생각을 하며 존경스러워하는 이 사건은 밥을 먹는 도중에 그 선배의 설명으로 명쾌하게 원리를 이해하게 되었다.

과학적인 해설은 이렇다.

금속 저항체에 전류가 흐르면 전력을 소모하게 된다. 이 전력의 소모는 열 에너지로 바뀌게 되어 알루미늄 호일이 뜨거워지고, 결국 얇고 가늘고 긴 호일은 높은 열에 의해 빨갛게 달구어져 빛을 내게 된다.

과학! — 즐거움으로 거듭나다 231

금속 도체의 저항은 넓이, 즉 단면적에는 반비례하기 때문에 바닥에 깐 넓은 호일은 저항이 작아서 열이 거의 발생하지 않는다는 원리이다.

여기서 저항체에 대해 다시 상기해보면 아래에 넓게 펼친 호일은 전혀 뜨거워지지 않았고 위의 가늘고 긴 호일에만 열이 발생하였다. 이것은 금속 저항체는 저항이 길이에 비례하고 넓이에는 반비례한다는 이론을 적용한 것이다.

백열 전구는 바로 이러한 원리로 만들어졌는데, 텅스텐(다른 것도 있을 수 있음)으로 만든 가는 필라멘트 저항체에서 열이 발생하고 고열에 의한 빛이 발생하여 빨갛게 보이는 것이다.

그리고 굵은 전선은 저항이 작기 때문에 많은 전류가 흐를 수 있고, 전력을 많이 소모하는 전기기구에는 굵은 전선이 연결되어야만 안전하다.

물리적인 이론을 살펴보면 중학교 과학, 기술 교과에서도 배우고 고등학교 물리 교과에서 공부하는 $R = \rho \frac{l}{s}$ 이다.(R은 저항, l은 길이, s는 단면적, ρ는 비저항이다. 비저항은 물질에 따른 전기 저항 값이다. 물질마다 다르며 온도에 따라 다르다.)

과학을 알면 위기 탈출 성공

007 영화의 주인공 제임스 본드가 하는 것처럼 위기 탈출과 같은

멋진 실험!

맥가이버 영화에서나 보는 것과 같은 스릴 넘치는 모험!

그후 이 내용은 1997학년도 대학 수학 능력 시험 과학 탐구 문제 (96년 11월 시행 4, 5번)에 응용되어 출제된 적이 있다. 아마도 그 선배가 과학 교육자가 되어 이런 내용을 출제했거나 또는 그런 내용을 강의하였거나 경험담을 이야기했거나……, 그런 내용이 과학 교육자 사이에 전달되어 문제로 출제되었는지는 알 수 없다. 그 선배는 지금 무얼 하는지도 알 수 없다.

이 문제가 내가 경험한 내용과 너무나 흡사하여 반갑고, 반갑고 또 반가웠다.

이를 직접 해보고 싶어서 카메라나 또는 소형 녹음기 속에 들어 있는 손가락 굵기 정도의 충전지(AA) 하나에 알루미늄 호일을 가늘게 잘라 위의 (+) 부분과 아래의 (−) 부분에 연결하고 무심코 엄지 손가락과 검지 손가락으로 누른 채 잡고 있었는데…….

이게 웬일인가? 10~20초도 안 되어 얼마나 뜨거웠는지 반사적으로 깜짝 놀라 "앗 뜨거!" 소리를 지르며 건전지를 내던지고 말았다.

엄지와 검지 손가락, 즉 호일과 접촉하였던 부분이 화상을 입을 정도로 뜨거웠다. 알루미늄 호일에서 발생하는 열(전력 소모)이 이렇게 높을 수가…….

충전지 하나도 그렇게 열이 많이 나는 정도이니 두 개를 갖고 실험하면 위험할 수도 있다.

절대로 직접 손으로 잡고 실험해선 안 된다.

아! 과학! 얼마나 신비한가! 위기 탈출 과학!

우리 모두 과학을 생활화하자.

과학을 생활 속에서 찾고 과학의 원리를 캐는 과정에서 감동하면서 매료될 때 마음속에는 도전하고픈 의욕과 용기가 생기게 된다.

애플 사이언스

"무슨 과일을 가장 좋아하나요?"라는 질문을 받았을 때 사람들은 "대부분 어떤 과일을 선택할까?"에 대한 연구 결과나 통계 자료는 특별히 찾지 못했지만, 아마도 주변에서 많은 사람들이 '사과'라고 대답하지 않을까 생각한다. 왜냐하면 사과는 색과 모양이 예쁘고 맛도 좋으며 무언가 신비하기도 하다. 그래서 그런지 인류의 역사 속 사건들을 들춰보면 유독 사과에 얽힌 이야기가 많다.

뱀의 꾐에 빠져 에덴 동산에 살던 아담과 이브(히브리어로는 '하와')가 따먹었다는 '이브의 사과', 그리스 신화에 나오는 트로이 전쟁의 단초가 된 '미의 사과', 그리고 아들 머리 위에 있는 사과를 향해 화살을 쏘았다는 스위스 빌헬름 텔의 '자유의 사과', 떨어지는 사과를 보고 만유인력의 법칙(중력의 법칙)을 발견했다는 뉴턴의 '과학의 사과', 그 외에도 '애플의 사과', '백설 공주의 사과' 등등……. 사과 이야기는 무려 15개가 넘으며 계속 만들어지는 진행형이다. 여기서 몇 가지 사과 이야기 속으로 들어가보자.

이브의 사과

먼저, 첫 번째로 '유혹'이란 단어를 생각나게 하는 '이브의 사과' 이야기에 대하여 구약 성경의 〈창세기〉 내용을 근거로 확인해보자.

아담은 에덴 동산에서 이브(하와)와 살았으나 '선악을 알게 하는 나무의 열매'를 먹었기 때문에 추방당하는데, 이 선악과 사건은 인간이 죄인이 되어버린 아주 중요한 사건이기도 하다.

"여호와 하나님이 그 사람을 이끌어 에덴 동산에 두어 그것을 경작하며 지키게 하시고 여호와 하나님이 그 사람에게 명하여 이르시되, 동산 각종 나무의 열매는 네가 임의로 먹되 선악을 알게 하는 나무의 열매는 먹지 말라. 네가 먹는 날에는 반드시 죽으리라 하시니라."(〈창 2: 15~17〉)

아직 이브가 만들어지기 전에 신이 아담에게 한 말이다.

시간이 흘러 아담의 배필 이브가 태어나고 에덴에서 두 사람이 살던 어느 날이었다. 간교한 뱀이 이브에게 다가와 말한다.

"하나님이 정말 이 동산에 있는 과일 아무것도 못 먹게 했어?"("하나님이 참으로 너희에게 동산 모든 나무의 열매를 먹지 말라 하시더냐?" 〈창3: 1〉)

이브가 대답한다.

"아니, '이 동산에 있는 열매는 먹을 수 있긴 한데, 동산 중앙에 있는 나무는 먹지도 말고 만지지도 말라.'라고 하셨어. 먹으면 죽을지도 모른대."("여자가 뱀에게 말하되, 동산 나무의 열매를 우리가 먹을 수 있으나 동산 중앙에 있는 나무의 열매는 하나님 말씀에 너희는 먹지도 말고 만지지도 말라 너희가 죽을까 하노라 하셨느니라." 〈창3: 2~3〉)

뱀이 말한다.

"절대 안 죽어. 그거 먹으면 네가 하나님처럼 된다는 걸 하나님이 알고서 하나님이 일부러 못 먹게 하는 거야."("뱀이 여자에게 이르되, 너희가 결코 죽지 아니하리라. 너희가 그것을 먹는 날에는 너희 눈이 밝아져 하나님과 같이 되어 선악을 알줄 하나님이 아심이니라."(〈창3: 4~5〉)

이브는 뱀의 속삭임에 넘어가 뱀의 말을 듣고서 그 나무를 보니 이전에 한 번도 느껴보지 못한 감정들이 생겨난다. 그래서 그 열매를 먹고 남편인 아담에게도 먹어보도록 유혹하였으며, 결국 에덴 동산에서 쫓겨났다는 내용이다.("여자가 그 나무를 본즉 먹음직도 하고 보암직도 하고 지혜롭게 할 만큼 탐스럽기도 한 나무인지라 여자가 그 열매를 따먹고 자기와 함께 있는 남편에게도 주매 그도 먹은지라."〈창 3: 6〉) ("아담이 이르되, 하나님이 주셔서 나와 함께 있게 하신 여자 그가 그 나무 열매를 내게 주므로 내가 먹었나이다."〈창3: 12〉) ("여호와 하나님이 여자에게 이르시되, 네가 어찌하여 이렇게 하였느냐. 여자가 이르되 뱀이 나를 꾀므로 내가 먹었나이다."〈창3: 13〉)

성경에는 기록이 없지만, 이렇게 뱀의 유혹에 넘어간 이브가 아담을 유혹하여 결국 '유혹'이란 단어를 생기게 한 이 열매 '선악과'를 사람들은 사과라고 생각한다. 아담은 그 사과를 먹다가 목에 걸려 후두 결절喉頭結節이 생겼고, 그래서 그의 후손인 남자들의 목에는 지금도 툭 튀어나온 부분이 있어 이를 '아담즈 애플Adam's apple'이라고 부르고 있다.

인간에게 원죄가 있다는 도덕적인 의미로서 '이브의 사과'는 성경이야기를 바탕으로 서양 사상을 형성해온 중요한 사조思潮 중 하나인 헤브라이즘의 확산으로 이어져 세상을 바꾼 사과가 되었다는 해석이다.

미의 사과

두 번째로는 '불화'를 상징하는 사과로 그리스 신화에 나온다. 바다의 여신 테티스의 결혼식에 초대받지 못한 에리스라는 불화의 여신이 결혼식장에 나타나 천하의 세 미인 헤라, 아테네, 아프로디테 앞으로 '가장 아름다운 여신에게'라고 쓰인 황금 사과를 던진다. 세 여신들은 자신이 가장 아름답다며 사과의 주인이라고 다툼을 벌였고, 결국 양치기 파리스에게 결정권을 주게 된다. 파리스는 아프로디테가 가장 아름답다고 말함으로서 헤라와 아테네의 미움을 사게 되고 신탁에 걸린 파리스가 스파르타에 초대되어 왕비 헬렌과의 사랑에 빠져 헬렌을 트로이로 데려가는 사건이 벌어진다.

스파르타의 왕 메넬라오스는 도시 국가들을 규합하여 트로이와 전쟁을 일으키게 된다.

전쟁 이야기는 고대 그리스의 시인 호메로스Homeros에 의해 『일리아드』와 『오디세이』에서 수많은 영웅이 등장하는 대 서사시로 표현된다.

불화를 일으킨 이야기! 그 단초가 된 '미의 사과'는 그리스와 트로이 사이에 일어난 트로이 전쟁의 원인이 되었으며, 사과가 '분쟁의 씨'를 의미하면서 세상을 바꾼 사과로 통하고 있다.

자유의 사과

세 번째로 '자유의 사과'는 스위스의 빌헬름 텔에 관한 이야기다.

14세기 초, 스위스는 오스트리아의 지배를 받고 있었으며 오스트리아의 대관代官 게슬러는 매우 잔인하고 횡포가 심한 사람이다. 민중 폭동이 일어나자 그는 그 지방의 장로를 처형하고서 광장에 긴 장대를 세워 그 꼭대기에 자신의 모자를 걸어놓고는 마을에 들어오는 사람들은 모두 그 앞에서 절을 하라고 명령했다. 이곳에 스위스의 명궁名弓으로 이름이 알려진 빌헬름 텔이 6살 난 아들을 데리고 지나가면서 모자에 대해서 경례를 하지 않았을 뿐만 아니라 모자를 조롱하기까지 했다. 그래서 붙잡혀 게슬러 앞으로 끌려갔다. 게슬러는 텔의 아들 머리 위에 사과를 놓고는 이를 쏘아 맞추라고 명령한다. 그러나

게슬러의 잔인한 계획은 빗나가고 말았다. 텔이 쏜 화살이 멋지게 사과를 꿰뚫었기 때문이다.

그 후 오래지 않아 빌헬름 텔이 게슬러를 활로 쏘아 죽이면서 빌헬름 텔의 이야기는 스위스 독립 운동의 시발점이 된 중요한 전설로 전해져오고 있다. 이 사건은 결국 약소국의 독립 운동에 불을 붙인 도화선이 되었으며, 명사수의 대명사로 불리는 빌헬름 텔의 사과는 '자유의 사과'로서 세계를 바꾼 또 하나의 사과 이야기로 알려져 있다.

과학의 사과

마지막으로 '과학의 사과' 이야기를 해보자

떨어지는 사과를 보고서 만유인력을 발견했다는 '뉴턴의 사과'!

1665년 경 뉴턴은 영국 캠브리지 트리니티대학에 다니던 중 영국 런던에서는 쥐가 옮기는 페스트(흑사병)가 유행하자 학교가 휴교했고 울즈소프의 고향 집으로 내려가게 된다. 고향에 2년 있으면서 유명한 사과 일화를 비롯해 미적분 계산법, 빛의 색 등 다방면에서 의미 있는 발견을 한다. 뉴턴 자신도 휴학 기간을 '발견의 전성기'라고 평가할 정도다.

1667년에 학교가 다시 문을 열자 뉴턴은 캠브리지로 돌아와 반사망원경을 만들었고, 1672년에 왕립 학회 회원으로 뽑혔다.

캠브리지대학 교수가 되어 강의와 연구를 계속하던 뉴턴은 1687

년에 근대 이론 물리학의 초석을 다진 역사적인 저서 『자연 철학의 수학적 원리(프린키피아)』를 출간하였다. 그는 만유인력의 법칙을 발견한 물리학자이며 수학자, 천문학자, 광학자, 자연철학자, 신학자, 연금술사 등 다방면에서 뛰어난 업적을 남겼다.

『프린키피아』에서 뉴턴은 운동의 세 가지 법칙인 '관성의 법칙', '가속도의 법칙', '작용-반작용의 법칙'을 언급했고, 만유인력과 천문학을 다루었다. 떨어지는 사과를 보며 떠올렸던 아이디어가 20년이 지나 『프린키피아』에서 이론적으로 정리되었다.

1689년에는 대학의 대표로 국회의원에 선출됐고 왕립 조폐국의 장관까지 역임했다. 1703년에는 국왕이 설립한 자연과학자들의 모임인 '왕립 협회' 회장으로도 추대되었으며, 평생 독신으로 살다가 85세의 나이로 사망했다.

고향에 머물면서 정원의 나무에서 우연히 떨어지는 사과를 보고서 지구와 사과 사이에 어떠한 힘이 존재한다는 것을 순간적으로 깨달았다는 이야기가 바로 '과학의 사과'이다.

이러한 이야기는 1727년에 '로버트 그린'이 출판한 『힘에 관한 저서』에 소개된 내용에서 그 근거를 찾을 수 있다.

"어느 날 뉴턴은 울즈소프에 있는 어머니 집 뜰에 앉아 있을 때 사과 하나가 나무에서 떨어지는 것을 보았다. 그것을 본 그는 '왜 사과는 똑바로 아래로 떨어질까?' 하고 생각에 잠겼다. '왜 수직으로 지면에 떨어지고, 위로 가든가 옆으로 가지는 않는 것일까?' 그는 사과가 가지에서 떨어질 때 밑으로 떨어지는 것은 어떤 힘이 그것을 지면으로 잡아당기고 있기 때문이라는 결론을 내렸다."

만유인력의 법칙

뉴턴의 사과에 대한 생각을 더 자세히 파헤쳐보면 뉴턴의 코 앞에서 사과가 떨어졌을 때 마침 하늘에는 달이 떠 있었다. 이것을 본 뉴턴은 과일이나 우리 인간은 모두 공중에서 땅으로 떨어지는데, 저 위성은 어떻게 창공에 머물러 있을 수 있는지 의문을 갖게 되었다.

떨어진 사과를 손에 든 뉴턴의 사색은 두 가지 근원적인 통찰로 이어진다. 첫 번째 통찰은 질량을 지닌 물체는 모두 당기는 힘이 존재한다는 것이다. 따라서 지구는 그 질량을 통해서 사과를 자기 쪽으로 끌어당긴다.(이때 지구 중심으로 중력이 작용하여 사과가 떨어지는 것만이 아니라 사과를 지구가 잡아당기는 힘만큼 사과도 지구를 잡아당긴다. 바로 작용 – 반작용이다. 그런데 이때 왜 사과만 지구 쪽으로 떨어지는가 하고 의문을 갖게 한다. 이것은 사과의 질량이 지구의 질량에 비해 작으므로 사과가 땅에 떨어지는 운동만 관찰하게 되는 것이다.)

이 힘을 지구의 중력이라고 한다. 뉴턴의 아이디어는 지구상의 생명체들이 구형인 지구 위에서도 우주 속으로 떨어지지 않고 살아갈 수 있는 까닭을 설명해준다. 일상 생활에서도 물체를 들고 있다가 떨어뜨리거나 의자에 앉았다가 일어서거나 높이뛰기를 할 때 이런 중력을 느끼면서 산다.

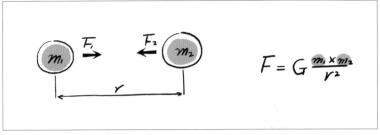

만유인력의 크기는 두 물체의 질량의 곱에 비례하고,
거리의 제곱에 반비례한다.

지구가 사과를 당기는 힘이 있다는 것에 착안해 질량을 가지고 있
는 모든 물체 사이에서는 서로 잡아당기는 인력이 존재하며, '만유
인력의 법칙',

$$F = G\frac{m_1 m_2}{R^2}$$ (G는 만유인력 상수) 을 찾아냈다.

두 번째 통찰은 높이뛰기를 할 때 우리가 느끼는 힘은 단지 질량에
서만 나오는 것이 아니라 운동을 통해서도 발생한다. 지구의 위성 달
이 바닥으로 떨어지지 않는 이유는 바로 운동에 있었다. 즉 달의 회
전 운동이다. 운동을 통해서 달은 지구 주변을 회전하는데, 그 회전
을 통해 지구가 당기는 힘에 저항하는 힘, 즉 원심력이 생겨 떨어지
지 않는 것이다. 그 결과, 달은 일정한 궤도에 따라 지구의 주위를 돌
면서 균형과 안정성을 얻는다.

만유인력의 발견은 근대 과학을 발전시키는 획기적인 사건이다.
뉴턴의 이러한 만유인력 발견을 뜻하는 '과학의 사과'야말로 세계를
바꾼 가장 큰 사건 중의 하나이다.

떨어지는 사과나무 밑에서 뉴턴의 사색

이렇듯 사과는 선악, 불화, 자유, 불확실성 이미지, 과학 그리고 잘
못을 사과하는 '사과謝過'라는 이야기 등으로 인간의 역사에서 신화,
문화, 과학과 사회의 한 부분을 차지하면서 애환을 함께 하는 과일
중의 과일로 자리 잡고 있다.

특히 우리는 '과학의 사과'에서 많은 사람들이 사과가 떨어지는 것
을 보았지만, 뉴턴은 그냥 넘기지 않은 사건을 다시 상기해야 한다.
우연한 발견이라고 말할 수 있지만, 사과 하나 떨어지는 것을 보고 만
유인력이라는 것이 존재한다는 사실을 깨닫기 위해서는 뉴턴의 오랜
노력이 필요했다. 어떤 사실에 대해 엄청난 에너지를 소비하며 집중
한 결과, 주위에서 나타난 어떤 현상으로부터 힌트를 얻고 아이디어
를 완성하게 된 것임을 결코 잊어서는 안 될 것이다.

그렇다. 발견이 있기까지 몰입하고 노력하는 태도는 모두가 배워
야 할 진리인 것이다.

나에게 있어서 사과는 무엇인가?

세상을 바꿀만한 자신의 사과 이야기를 창조해보자.

물고기의
겨울나기

    겨울철이 되고 기온이 영하로 내려가게 되면 생활하기에 불리한 환경을 피해 개구리, 뱀, 박쥐, 곰……등과 같은 동물들은 깊은 겨울 잠에 들어간다. 추운 겨울 먹이를 찾아 땅 위를 헤매는 대신에 땅 속이나 나무뿌리, 굴 속으로 들어가 먹이도 먹지 않고 움직이지도 않으면서 체 내의 대사 활동량을 줄이고 체온을 낮추는 등 겨울잠을 자며 겨울을 보내기도 한다. 육지 동물뿐 아니라 물 속에 사는 동물도 간혹 겨울잠을 잔다. 기온이 영하 20도 가까이 내려가는 혹독한 겨울이라는 육지 생태계와는 무관하게 평상시와 같은 수중 생태계 속에서 자고 있다고 생각하니 참 재미있는 일이다.

    수중 동물의 겨울잠, 어떻게 가능할까?

    생각해보니 바로 수중 생태계의 근원인 물 때문은 아닐까? 그렇다면 물은 어떤 비밀을 담고 있기에 겨울철 추위로부터 물고기를 안전하게 보호할 수 있는 것일까? 그 비법이 궁금해진다.

물을 가득 담은 페트병을 냉동실에 넣어두면 병이 빵빵하게 부풀어 오르는 것을 볼 수 있는데, 그 이유는 무엇일까? 또한 겨울이 되면 곳곳에서 수도관이 터져 불편을 겪기도 하는데, 그 이유는 무엇일까? 땅 위의 만물이 꽁꽁 얼어붙은 추위에도 호수 위에서 얼음 낚시를 즐기는 사람들이 있는데, 얼음 낚시를 할 수 있는 이유는 무엇일까? 양초의 경우에 초가 타면서 녹았던 파라핀은 식으면서 부피가 줄어 오목하게 굳어지는 것처럼 일반적인 액체는 고체가 되면 부피가 줄어드는데, 신기하게도 물은 고체인 얼음이 될 때 오히려 부피가 증가하는 것은 무엇 때문일까?

물의 구성 성분과 특징

물과 관련된 여러 가지 궁금증을 해결하기 위해 먼저 물의 특징을 살펴보자.

물은 화학적으로 보면 수소와 산소의 개수비가 2:1로 결합한 단순한 화합물에 지나지 않지만, 모든 식물이 뿌리내리는 토양을 만드는 힘이 되고 사람을 포함한 모든 생물체에게 없어서는 안 되는 가장 중요한 물질이며 지구의 기후 환경을 좌우하는 물질이기도 하다. 인체 구성 성분의 약 70%를 차지하며 어류의 약 80% 정도, 심지어

물 속에 사는 미생물 성분의 약 95%를 물이 차지하고 있다. 물은 지구의 지각이 형성된 이후 바다나 빙하, 강물이나 하천의 형태로 지구 표면적의 3/4을 차지하고 있으며 태양 에너지를 받아 고체, 액체, 기체의 세 가지 상태로 자유롭게 순환하면서 지구에 아주 중요한 역할을 하고 있는 물질이다.

그러면, 이런 물은 어떤 물질로 이루어졌을까?

물에 대해 처음 연구한 사람은 프리스틀리Joseph Priestley로 1771년에 수소와 산소(또는 공기)를 혼합하여 전기 스파크를 일으키면 물이 생긴다는 사실을 발견하였다. 또한 캐번디시Henry Cavendish는 정확한 실험을 통해 수소와 산소로 물을 합성하였으며 수소와 산소의 부피비가 2:1이라는 것까지 확인하였다. 그후 1785년에 라브와지에Antoine-Laurent Lavoisier도 가열된 철관 속에 물을 통과시키면 수소가 발생하는 실험을 통해 수소와 산소가 물의 구성 성분임을 밝혀냈다.

물은 H_2O의 화학식으로 표현되며 수소 원자 2개와 산소 원자 1개로 이루어진 분자이다. 액체, 고체, 기체 세 가지 상태에 따라 물 분자의 배열이 달라지는데, 고체인 얼음 결정 속에서 물 분자는 육각 결정 구조를 가지며, 액체인 물에서는 담는 그릇의 모양에 따라 형태가 달라지지만 부피는 거의 일정하고, 기체 상태인 수증기는 물 분자들 사이가 멀어져 분자들 간에 작용하는 힘이 거의 미치지 않는 독립된 분자 형태로 존재한다. 얼음과 물, 수증기 등의 상태는 분자가 지닌 에너지에 따라 달라지며 열의 출입에 의해 배열과 존재 형태는 변하지만 물 고유의 성질은 변하지 않는다.

물 분자 사이의 결합

원자들이 결합하는 방식은 원자의 성질에 따라 몇 가지로 나눌 수 있는데, 물 분자를 구성하는 수소와 산소와 같은 비금속 원소들 사이에는 공유 결합이 이루어진다. 공유 결합이란 결합에 참여한 원자들이 각각 내놓은 전자로 이루어진 전자쌍을 공유함으로써 형성되는 결합을 말한다. 일단 원자들이 결합을 하여 분자를 형성하면 분자와 분자 사이에도 약한 결합이 일시적 혹은 영구적으로 생기게 된다.

특히 물 분자를 구성하는 원소 중의 하나인 산소와 같이 전기 음성도(분자 내의 원자가 결합에 참여하고 있는 전자쌍을 끌어당기는 힘으로 그 차이에 의해 원자들 결합의 이온성과 공유성이 결정된다)가 큰 원소인 플루오린, 질소 등을 포함한 분자들은 다른 분자에 있는 수소를 끌어당겨 마치 한 분자와 같이 행동하기도 하는데, 이를 수소 결합이라고 한다. 수소 결합력은 분자들을 묶어주는 비교적 강한 힘이므로 이로 인해 물질 고유한 특성이 나타나기도 한다.

예를 들면 물 분자의 경우에 분자 간 수소 결합으로 인해 비슷한 크기와 질량의 다른 물질에 비해 녹는점과 끓는점이 높아 상태 변화에 사용되는 에너지인 액화열, 기화열도 많이 필요하며, 물질 1g을 1℃ 올리는 데 들어가는 에너지인 비열도 상대적으로 높은 편이다.

물의 부피 변화와 수소 결합

수소 결합은 결합력에 의한 에너지 변화뿐 아니라 물질의 모양이나 구조에도 영향을 주는데, 대표적인 수소 결합 물질인 물은 다른 액체에 비해 표면장력(액체의 표면을 최소화하려는 힘)이 커서 물방울의 모양이 다른 종류의 액체 방울보다 더 둥근 형태를 갖게 된다. 풀잎에 맺히는 이슬방울이 둥글게 맺히는 이유도 바로 이 때문이다.

또한 겨울철에 수도관이 얼어 터지는 이유도 물이 얼음으로 상태 변화할 때 수소 결합의 수가 늘어나면서 구조가 규칙적으로 변하게 되며 그 결과 얼음의 부피가 증가하기 때문인데, 물이 얼음으로 변할 때 물 분자는 가장 가까운 4개의 물 분자와 수소 결합을 이루어 육각 결정 구조를 가지게 되고, 이때 물 분자의 산소와 수소는 수소 결합 수에 의해 비교적 규칙적인 조합으로 안정되며 그 결과 물 분자 사이

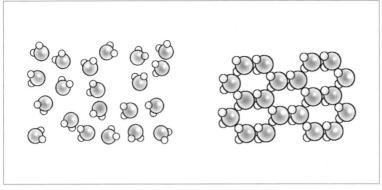

물이 얼 때 이웃하고 있는 다른 물 분자와 수소 결합을 하여
육각 결정 구조를 지니므로 부피가 늘어난다.

의 빈 공간이 늘어나기 때문에 부피가 증가하게 되는 것이다.

일반적으로 거의 모든 액체의 경우에 온도가 상승하게 되면 열팽창이 일어나 부피가 증가한다. 그러나 물은 액체이면서도 이러한 성질에서 예외이다. 물의 부피는 온도 상승에 따라 팽창하지만 특정 구간(0~4℃)에서는 예외적이다. 즉 0℃ 물이 점점 온도가 높아지는 데도 불구하고 4℃까지는 오히려 부피가 감소하여 가장 작은 부피 값을 나타내고, 4℃ 이상에서의 물에서는 온도 상승과 더불어 부피가 팽창한다. 밀도로 따지면 4℃일 때 가장 큰 값을 갖게 된다.

왜 그럴까? 그 이유 역시 수소 결합으로 인한 물 분자 사이의 구조적 변화 때문이다.

물이 얼음으로 변할 때 최대로 늘어났던 수소 결합의 수는 온도가 상승함에 따라 조금씩 깨지면서 육각형의 터널 구조가 사라지게 되고 상태 변화가 일어난 물이 안쪽으로 채워지게 되면서 4℃에서 물

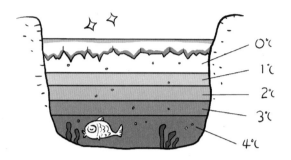

겨울철 호수의 물은 윗부분부터 얼기 시작하고 기온이 영하로 내려가도
얼음 밑의 호숫물은 상대적으로 온도가 높아 물고기가 잘 살 수 있다.

은 최소 부피를 갖게 되는 것이다. 이것은 바로 수중 생태계 유지에
결정적인 역할을 하게 되는 이유라고 할 수 있다.

겨울철 외부 기온이 4℃가 되면 물의 온도도 4℃가 되고, 기온이
더 내려가서 0℃가 되면 호수물의 윗부분 표면 온도는 0℃가 되어
얼게 되지만 이미 가장 밀도가 큰 4℃의 물은 맨 아래에 있고 위로 올
라오면서 차츰 낮아지는 온도 분포가 형성된다. 즉 겨울철에 밀도가
작은 호수의 윗부분부터 얼기 시작하고 기온이 더 내려가더라도 얼
음은 위에서부터 점점 더 두꺼워질 뿐 얼음 밑의 물은 얼지 않아 수
중 생태계를 보호할 수 있는 여건이 만들어지는 것이다.

이 지구상에서 유일하게 고체로 변할 때 액체보다 부피가 증가하
는 물, 누군가가 이런 물을 지구상에 만들어놓았는가?

자연 현상이 왜 그런가에 대한 원리를 파악하는 것이 과학이라지
만 물의 존재는 참으로 오묘한 신의 미스테리이며 호기심 가득한 대

상임에 틀림없다.

　겨울 내내 물고기들의 생활 터전을 제공해주는 물의 상태 변화, 과학으로 푸는 명쾌한 해답 같기도 하고 숨겨진 무언가가 아직도 남아 과학자들을 기다리고 있을법한 상상이 든다.

『침묵의 봄』이 전해주는
불편한 진실

20세기 환경 운동의 바이블로 불리는『침묵의 봄』(1962)은『타임』지가 선정한 20세기를 변화시킨 100인에 뽑힌 해양 생물학자 레이첼 카슨Rachel Carson의 저서로, 살충제의 사용 실태를 바탕으로 한 끈질긴 과학적인 조사를 통해 화학 물질에 의한 생태계 오염의 실상을 처음 고발했다는 점이 높이 평가받고 있다.

단 한권의 책이 환경 문제에 대한 대중의 인식을 바꿔놓았을 뿐만 아니라 환경을 이슈로 한 사회 운동의 기폭제가 되었고, 미국 국가 환경 정책 법안을 통과시켜 DDT의 사용이 금지되었으며, '지구의 날' 제정과 같은 현대적인 환경 운동이 본격화되는 도화선이 되었다.

그녀의 환경에 대한 굳은 신념은 지금도 유방암 발병률이 높은 메사추세추 주에 설립한 '침묵의 봄 연구소'에서 이어가고 있으며, 우

레이첼 카슨의 1962년 저서.
무분별한 살충제의 남용으로 곤충을 먹이로 하는 새들이 죽게 되어 봄
이 되어도 새들의 노래를 들을 수 없게 만든 생태계 오염과 실태를 고
발한 책

리나라뿐 아니라 아시아 환경 네트워크의 중심 역할을 하고 있는 환
경 재단의 '레이첼 카슨 홀'을 통해 실천되고 있다.

대표적인 환경 호르몬

"강남 갔던 제비가 돌아오면 봄이 찾아온다."는 우리나라 속담처럼
레이첼 카슨이 생활하던 미국에서도 울새가 지저귀는 소리로부터 봄
이 시작되었는지도 모른다. 울새 서식지였던 작고 아름다운 마을의
느릅나무 군락이 병이 들기 시작하자 느릅나무를 병충해로부터 보호
하기 위해 화학 살충제를 살포하였다. 그런데 울새에게는 영향을 주

지 않는 살충제를 선별해서 사용했음에도 불구하고 이상한 일이 벌어졌다. 해가 지날수록 무슨 이유에서인지 울새들이 서서히 죽어갔다. 그러니 봄이 되어도 새소리가 들리지 않는 작은 마을의 낯선 정적, 침묵의 봄이 시작된 것이다. 침묵의 봄이 찾아온 이유는 무엇 때문이었을까? 그것이 이 책의 집필 이유이다.

『침묵의 봄』에서 언급한 살충제 DDTdichloro diphenyl trichloroethane를 비롯하여 다이옥신dioxin, 프탈레이트DEHP, 비스페놀A, 노닐페놀, PCBpolychlorinated biphenyl, BHCbenzene hexachloride 등과 같은 물질을 환경 호르몬이라고 한다.

이제 환경 호르몬의 원인 물질에 대해 조금 더 알아보자.

첫 번째, DDT는 값이 싸고 단기간에 효과가 뛰어난 빈대 퇴치 및 합성 살충제, 농약으로 사용되던 유기 염소계 물질로 1972년에 미국에서 사용이 금지됐지만 약물의 분해 시간이 길어 여전히 동물의 혈액 속에서 검출되고 있다. 최근 제이슨 리차드슨 교수(로스트우드 존슨 의과대학) 연구팀은 DDT의 부산물 중 하나인 DDE가 알츠하이머 질환 발생과 연관성이 있다고 발표하였으며 추가적인 실험을 통해 DDT의 장기적인 피해를 검토할 필요가 있다고 밝혔다.

두 번째, 고엽제의 주성분인 다이옥신은 인간이 만든 화학 약품 중 독성이 높은 물질 중 하나이며 쓰레기 소각 때 배출되어 장거리로 확산되어 영향을 미칠 수 있다. 다이옥신은 구조 또한 안정적이기 때문에 몸에 흡수되면 잘 분해되지 않으며 소변으로도 배출되지 않는다. 계속 몸 안에 축적되면서 몸의 면역력을 떨어뜨려 암 등의 질병을 유발하거나 임산부의 경우에 기형아를 출산할 우려도 있으므로 우리나라에서도 다이옥신의 배출량을 법으로 규제하고 있다.

다이옥신의 이동 경로

세 번째, 프탈레이트는 플라스틱이나 비닐 물질을 유연하게 만들어주는 화학 첨가제(가소제)로 혈액 백, 링거 줄, PVA 랩, 어린이 장난감, 인형 등에 많이 쓰인다. 디에틸헥실프탈레이트DEHP를 비롯하여 여러 종류의 프탈레이트가 있다. 화장품이나 어린이 장난감에서부터 건축 자재까지 여러 용도로 쓰이는 DEHP를 임신중인 동물에 투여한 결과, 기형을 일으키거나 신장이나 간 등에 문제를 일으킬 수 있다는 사실이 밝혀졌다.

마지막으로, 우리 주변에서 많이 접촉하게 되는 환경 호르몬 성분으로는 비스페놀 A가 있다. 이 물질은 합성수지인 폴리카보네이트PC와 에폭시 수지를 만드는 데 사용하는 물질로 식품을 보관하는 플라스틱 제품이나 음료수 캔, 종이컵과 같은 종이 코팅 물질 등 일상 생활용품에서 쉽게 검출되므로 각별한 주의가 필요하다.

환경 호르몬의 피해와 대책

여기서 잠깐, 호르몬이란 어떤 물질을 말하는 걸까?

인간의 신체 내부에서 순환계로 직접 방출되어 대사 및 신체 과정을 조절하는 내분비 물질(호르몬 등)을 생산하는 조직 계통을 내분기계endocrine system라하고 하는데, 호르몬은 몸의 내분기계에서 분비되는 미량의 물질로 각자 표적 기관에 작용하여 체내의 항상성을 유지시켜주는 중요한 역할을 한다.

환경 호르몬은 생체 외부에서 들어와 뇌하수체나 생식기 등 내분비계 기존 호르몬의 생리적인 작용을 교란시키는 물질로 '내분비계 장애 추정 물질'이라고 한다.

환경 호르몬은 이름과는 달리, '호르몬'은 아니다. 환경 호르몬이란 명칭은 1997년에 일본에서 처음 사용하였으며, 환경에 노출된 외부 물질이 인체에 들어와 나쁜 작용을 하는 호르몬과 같은 역할을 한다는 뜻으로 붙여진 이름이다. 이 물질은 안정적인 분자 구조로 잘 분해되지 않는 특성이 있어 일단 몸 속에 흡수되면 배출되기 어려워 적어도 수십 년이나 몸 안에 머무르며 세대를 거쳐 자손에게도 영향을 줄 수 있다. 특히 지방 성분에 농축되므로, 마치 자신이 호르몬인양 활동하여 호르몬 흉내를 내며 내분비계에 큰 혼란을 가져오기도 한다. 이로 인해 정자 수의 감소와 생식계의 이상을 초래하여 불임 부부가 늘어나고 있으며, 뇌신경계와 면역계의 이상을 일으키며 면역력이 약한 아이들의 알레르기 질환이나 아토피, 천식 등을 유발

대기

토양

아이들이 좋아한 말랑말랑한 플라스틱 완구류에는 DEHP라는 성분이 들어 있어 환경 호르몬을 배출하므로 아이들의 건강을 위협할 수 있다.

시키기도 하고, 성인의 경우에 암을 일으키는 또 하나의 원인으로도 지목되고 있다.

성 호르몬의 변화는 어른뿐 아니라 아이들에게까지 영향을 주고 있는데, 최근 우리나라에서 성 조숙증으로 치료를 받은 어린이는 2004년에는 불과 194명이었는데, 2010년에는 3868명으로 6년 사이에 19배나 크게 증가하였다.(상계 백병원 통계) 성 조숙의 원인으로는 비만과 스트레스, 각종 매체들의 성적 자극 등을 들기도 하지만 환경 호르몬의 영향 또한 무시할 수 없는 것이 현실이다.

성 조숙증은 조기 사춘기로 인한 성장 장애를 유발하며, 특히 임신 중인 엄마의 프탈레이트 농도가 높으면 남성 호르몬(테스토스테론)의 수치가 낮아져 태아의 AGD(남자 아이의 생식기와 항문의 간격) 수치가 작아져 요도 하열, 잠복 고환 등이 나타날 수 있다. 여성의 경우에는 비스페놀 A와 같은 환경 호르몬이 여성 호르몬(에스트로겐)처럼 작용하여 빠른 2차 성징이나 극심한 생리통, 유방암, 자궁내막근종 등을 유발하기도 한다.

이와 같이 환경 호르몬과의 연관성이 높은 질병의 종류가 늘어나는 현실에 어떻게 대처해야 할까?

우리는 평소 환경 호르몬 배출을 줄이기 위한 적극적인 노력을 해야 한다. 가급적이면 플라스틱 대신에 유리 제품을 사용하고 합성 세제와 샴푸, 화장품 대신에 천연 재료로 만든 제품을 늘려야 한다. 그리고 무분별한 종이컵 대신에 머그컵을 사용하고, 유기농 농산물과 식물성 섬유, 녹황색 채소의 섭취를 늘려 건강한 식습관을 길러야 한다.

자연은 인간이 만들어놓은 틀에 순응하지 않는다. 인체건, 곤충이건 그 방어벽을 무너뜨리면 기하급수적으로 늘어나고 반드시 상상할 수 없는 재앙으로 인류에게 반격해온다. 과학에 흠뻑 젖어 편리한 생활과 문명을 누리면서도, 한편으로는 과학이 주는 불편한 진실 또한 우리는 잊지 말아야 할 것이다.

공생형 인간,
호모 심비우스

봄이 오면 괜히 설렌다. 우리들 마음만 설레는 것이 아니라 겨울 내내 잠을 자고 있던 개구리와 곤충들도 기지개를 켜며 밖으로 나올 준비를 한다. 하나둘씩 봄꽃이 피기 시작하면 벌과 나비는 울긋불긋 화사한 꽃송이 사이를 날아다니며 단물을 빨아 양분을 얻는다. 언뜻 보면 벌과 나비만 배불리 호강하는 듯 보이지만, 그 덕분에 꽃과 나무들은 생식을 위한 과정을 준비할 수 있게 된다. 화사한 봄꽃을 하얀색 꽃비로 보내고 햇살이 점점 따가워질 때가 되면 벚나무는 꽃과 함께 벌을 보내는 대신에 새롭게 개미를 불러들일 준비를 한다.

벚나무는 잎자루에 사마귀 눈처럼 생긴 2개의 혹을 만들어 꿀을 저장해두는데, 이를 '꽃 밖 꿀샘(밀샘)'이라고 한다. 개미는 이 '꽃 밖 꿀샘'으로부터 고도로 농축된 양분을 얻는 대신에 꿀을 내어준 벚나

벚나무의 꽃 밖 꿀샘을 찾아가는 개미

무를 초식 곤충으로부터 보호해주기도 한다. 이렇듯 벚나무와 개미의 관계는 오랜 진화 과정을 통해 서로를 위한 상생의 길을 열었다.

벚나무와 개미처럼 우리가 살고 있는 자연계에는 서로 도움을 주며 살아가는 생물들을 많이 볼 수 있다. 악어와 악어새, 소라게와 말미잘, 물고기와 청소새우, 빨판상어와 상어, 흰개미와 박테리아, 콩과 뿌리혹박테리아, 곰치와 청소놀래기 등 서로 다른 종의 생물끼리 쌍방 간 이익을 주고받는 호혜적 관계를 맺고 사는데, 생물학 용어로는 상리 공생Mutualism이라고 한다.

이에 비해 한 쪽에게는 이익이 되지만 다른 쪽에게는 이득도 피해도 없는 관계의 공생도 있는데, 이를 편리 공생Commensalism이라 한다. 고래 등에 붙어사는 따개비, 말미잘의 촉수에 숨는 흰동가리, 해삼의 항문 속을 드나드는 숨이고기, 대합의 외투막 안에 사는 대합속살이게 등이 그 예이다.

일반적으로 공생은 서로 상부상조의 관계에 있는 상리 공생을 의미하는 듯 보이지만, 환경에 따라 생물들의 이해관계가 변하기도 하고 생물의 종류가 변함에 따라 상호관계가 변하기도 하므로 여러 종류의 생물이 관계를 맺고 같은 곳에서 사는 것을 모두 공생이라고 한다.

생태계 유지 메커니즘

생물들의 관계가 공생만 있는 것은 아니므로 생태학적으로 생물들의 세계를 좀 더 살펴보면 다음과 같다. 한쪽에는 이득이 되지만 상대에게는 손해가 되는 '포식'과 '기생'의 관계, 서로에게 이득이 되는 '공생' 관계, 그리고 서로에게 기본적으로 손해가 되는 '경쟁' 관계가 있다. 이 모든 관계는 생태계를 유지하는 정교한 메커니즘임에는 틀림없는 사실이다.

그동안 인류는 포식의 관계에 있는 크고 무서운 동물의 제거에 열을 올렸으며, 그 결과 생태계의 균형이 조금씩 깨지고 있으며 생물들의 세계에서 피할 수 없는 필수 과정인 경쟁에 의해 흔들리기도 하지만 '식물'과 '곤충'의 관계처럼 공생의 신비로운 관계가 존재하므로 생태계는 더욱 진화할 수 있는 것이다.

우리가 살아가는 모습도 생물들의 공생을 닮아가야 하지 않을까?

우리 시대의 대표적인 통섭 학자 최재천 교수(국립 생태원장, 이화여

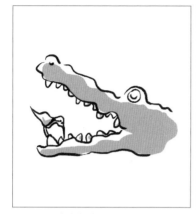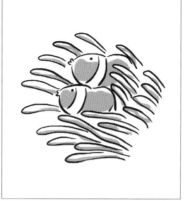

악어와 악어새는 상리 공생, 흰동가리와 말미잘은 편리 공생 관계이다.

자대학교 에코과학부)는 『호모 심비우스―이기적인 인간은 살아남을 수 있는가?』(2011)에서 마음과 소통을 강조하는 공생인, 호모 심비우스Homo symbiosis를 21세기형 새로운 인간상으로 제안하고 있다.

호모 심비우스!

공생을 뜻하는 'symbiosis'에서 착안해 만든 단어로 '함께with'라는 뜻의 고대 그리스어 'syn'과 '삶living'이라는 뜻의 'biosis'라는 말에 어원을 두고 있으며, 환경적 및 사회적으로 공생하는 인류의 모습이 그가 희망하는 21세기형 인간의 모습이다.

19세기에 등장한 다윈의 진화론은 그동안 치열한 경쟁과 투쟁의 과학적 근거가 되었으며, 적자 생존으로 알려진 자연의 세계에서 마

미래의 생태계는 사람에 의해 지배되기보다
사람과 함께 공생하는 모습이 바람직하다.

치 경쟁만이 정답이라고 착각하게 만들었다. 과연 그럴까? 우리는 무
한 경쟁 속에서 살아남기 위해 이기적인 인간으로 살아야 하는가? 이
런 사회·문화적 질문에 대한 진화 이론의 답을 그는 경쟁이 아닌 공
생이라고 서술하고 있다.

그런 맥락에서 보면 요즘 자주 등장하는'사회적 기업'이 추구하는
것도 공생 관계의 연장이 아닐까? 취약 계층에게 일자리나 사회 서
비스 제공 등 사회적 목적을 우선 추구하면서 영업 활동을 하는 기업
(조직)인 사회적 기업은, 이를테면 커피를 팔기 위해 사람을 고용하
는 것이 아니라 고용의 기회를 제공하기 위해 커피를 파는 것과 같은
일종의 복지 서비스 기업인 셈이다.

또한 오늘날 기업 경영의 최대 관심사이며 사회적 요구이기도 한
'CSRCorporate Social Responsibility(기업의 사회적 책임)'은 기업이 단순히

영리 창출을 넘어 사회와 환경을 염두에 두고서 윤리 경영, 지속 가능 경영, 사회 공헌 등에 관심을 기울여야 함을 고민하게 한다.

환경 오염과 국가 간 빈부 격차 등으로 위기를 맞고 있는 현대 사회에서 우리가 행복하게 살기 위해서는 인간뿐 아니라 다른 생물들과 더불어 살아가는 방법을 배워야 하며 마음을 열고 소통과 협력으로 함께 성장해가야 할 것이다.

인간은 자연을 잘 이용했기 때문에 만물의 영장 자리에 올랐다. 우리는 그동안 현명한 인간 '호모 사피엔스'의 모습으로 자연을 지배하며 살아왔지만, 이제부터는 사람과 사람 사이는 물론 자연과 환경을 생각하는 '호모 심비우스'로 살아가기를 희망한다.

일상의 재미있는 친구,
과학

    과학을 크게 분류하면 물리, 화학, 생명과학, 지구과학으로 나눌 수 있다. 물론 다시 물리는 광학 · 핵물리 · 고체물리 · 역학 등으로, 화학은 물리화학 · 무기화학 · 유기화학 · 분석화학 등으로, 생명과학은 세포학 · 생태학 · 분자생물학 · 미생물학 등으로, 지구과학은 지질학과 천문학 · 기상학 등으로 나뉘게 된다. 이렇듯 과학은 분야에 따라 좀 더 세분화되기도 하고 2가지 이상의 학문이 융합되는 영역을 찾아 좀 더 발전된 새로운 분야를 개척해나가기도 한다.

    예를 들면 물리와 화학은 물리화학으로, 생물과 화학은 생화학, 물리화학과 생화학은 다시 분자생물학으로, 그리고 분자생물학과 공학이 결합해서 바이오테크가 되는 융합적인 학문으로 발전하고 있다. 학문으로서의 과학은 이렇게 끊임없이 변화하면서 우리의 생활과 사고 전반에 깊숙이 관여하고 있다. 어쩌면 하루의 일상에서부터 최첨단 영역까지 지배하고 있다고 해도 과언이 아닐 것이다. 이렇듯 복잡하기만 하고 어려운 듯 보이는 과학의 테두리 속을 파고들어가 만날 수 있는 화학의 세계를 찾아 떠나보자.

화학이 열어주는 아침

화학하면 제일 먼저 떠오르는 것은 하얀 실험복, 다양한 모양의 유리 실험기구, 알록달록한 화학 약품들, 무시무시한 폭발 등이다. 물론 중·고등학교 시절 달달 외웠던 주기율표의 수많은 원소 기호와 화학식 등이 생각나기도 한다. 화학이라는 과목은 우리가 생각하기에 생활과는 동떨어진 특정 과학자의 실험실이나 두꺼운 과학 책 속에서만 존재할 것이라고 생각하기 쉽다. 그러나 화학은 생각보다 훨씬 많은 영역에서 우리 생활을 지배하고 있으며 우리의 인식과는 상관없이 일상 곳곳에 숨어 있다. 과연 어떤 곳에 화학이 숨어 있을까? 호기심을 갖고 나의 일상을 한번 들여다볼까?

여러분들의 하루는 어떻게 시작하고 있나요? 아마도 대부분은 알람시계나 스마트폰의 벨소리가 잠을 깨워줄 것이다. 특정 알람 음이나 지정 라디오 주파수, 텔레비전 뉴스가 아침을 시작하게 도와준다. 이 중 화학의 대표 주자는 알람시계에 들어있는 건전지이다. 전지는 볼타에 의해 개발되었으며, 두 개의 금속판과 전해질 물질로 산화-

환원 반응을 이용하여 화학 에너지를 전기 에너지로 바꿔주는 장치이다. 볼타가 사용한 금속은 구리판과 아연판으로, 아연판이 녹아 전자를 내어놓으면 두 개의 금속판을 연결한 도선을 타고 전자가 이동하는 방식이다. 볼타 전지에서 출발한 화학 전지는 차츰 휴대하기 간편한 방식의 망간 건전지를 거쳐 충전이 가능해진 전지뿐만 아니라 사용 시간을 몇 배 늘려준 알칼리 전지 · 납 · 크롬 · 수은 등의 중금속을 배출하지 않는 친환경 전지, 인체에 무해한 인공 심장의 전지까지 현대인의 필수품인 핸드폰을 비롯하여 노트북 · 로봇 청소기 · 비상 전원 장치 등에 사용하는 리튬 전지까지 끊임없이 발전되어왔다.

잠을 깨고서 주방으로 나가 정수기를 통과한 시원한 물을 한 잔 마신다. 정수기에 사용하는 삼투나 흡착 방식 등도 미시 세계를 다루는 화학의 원리가 적용된다. 다음으로는 욕실로 들어가 깨끗이 샤워를 한다. 우리가 매일 사용하는 비누도 유지와 알칼리 성분을 이용한 화학 반응을 거쳐 만들어지며 샴푸, 린스, 바디 클렌저 등 욕실에 비치된 대부분의 제품은 용기부터 내용물까지 화학의 도움 없이는 만들 수 없는 것들이다.

씻고 나와 거울을 보며 로션을 바른다. 요즘은 학생들도 비비 크림이나 틴트 정도는 기본이며, 우리가 사용하는 화장품 종류는 천연 소재로 만든 유기농 화장품부터 주름과 노화를 방지하고 미백 성분까지 첨가된 고기능 화장품까지 무궁무진하다. 화장품 연구소에서 신제품을 개발하거나 화장품 연구에 몰두하는 연구원들의 전공은 화학이나 화학공학을 전공한 사람들이 대부분으로 화장품과 화학은 너무 가까운 사이다.

화장을 마치면 옷장을 열고서 그날의 기분에 따라 자기에게 어울리는 옷을 고른다. 면, 모 등의 천연 섬유로 만든 속옷부터 폴리에스터, 아크릴, 스판텍스, 고어텍스 등 합성 섬유까지……. 화학의 고민 없이는 우리가 선택할 수 있는 섬유의 종류에는 한계가 있었을 것이다.

우리나라 사람들이 가장 즐기는 취미 활동은 등산이다. 그러다보니 등산복 등의 레저 웨어 발전이 세계의 어느 나라보다도 우월하다. 색과 디자인을 넘어 비와 바람, 땀과 물로부터의 해방을 외치며 최첨단 소재의 기능성 웨어의 개발 없이는 자유로운 취미 생활을 즐기기 어려웠을 것이다.

일상의 재미있는 친구, 과학

아! 이쯤하면 화학이 우리와 얼마나 가까운지 느낄 수 있을 것이다. 그래도 내친 김에 조그만 더 살펴보자.

집을 나서면 제일 먼저 눈에 띄는 것이 거리의 자동차이다. 자동차를 만드는 외장 소재뿐 아니라 연료의 발전에도 화학은 한몫 단단히 한다. 고전적인 자동차용 화석 연료(휘발유, 경유 등)에서부터 태양 에너지, 전기 에너지를 거쳐 요즘은 바이오 매스 기반의 청정 합성 연료에 대한 연구까지 활발하게 이루어지고 있다. 바이오 매스가 무엇

과학적인 탐구 과정을 통해 더욱 풍요로운 우리들의 미래

일까? 이는 청정 에너지로 각광받던 태양광 발전이 흐린 날에는 태양 전지의 충전이 어렵다는 한계를 극복하고자 흐린 날에도 사용이 가능한 친환경 재생 에너지를 생각하게 된 것에서 비롯되었다. 나무, 낙엽, 해조류 등에서 얻을 수 있는 차세대 연료가 바이오 매스이다.

직장에 도착하면 ID 카드를 이용하여 신원을 확인하고 출입문을 통과한다. 개인 PC와 접속하여 문서를 작성하는 등 업무를 보고, 온라인을 이용하여 결재를 올린다. 어느덧 12시, 뜨거운 태양으로부터 피부를 보호하기 위해 썬크림을 바르고 점심 식사를 하러 사무실을 나선다. 미리 맛집을 검색하기도 하고 스마트폰 앱을 깔아 할인 쿠폰도 내려받고 좋은 자리에서 시간에 맞게 바로 먹을 수 있도록 음식도 미리 예약 주문한다. 먹음직스러운 음식을 한 컷 찍어 블로그에 올리고 맛있는 점심 식사를 마친 뒤에는 음식점에서 나와 거리를 건는다. 커피집에 들려 친환경 바이오 플라스틱 잔에 커피 한 잔을 사서 회사로 돌아온다. 이렇듯 스마트폰의 대중적 사용에 결정적인 역할을 하고 있는 것은 아마도 화학 전지의 활약 없이는 불가능한 일이 아니었을까 싶다.

퇴근길. 하나 둘 켜져가는 가로등과 형형색색의 네온사인을 지나 약속 장소에서 친구를 만난다. 스테이크에 와인을 마시며 못다한 얘기를 나누며 행복한 시간을 보내고 집에 돌아와서는 종합 비타민 등 영양제 한 알 먹고 잠자리에 든다. 아스피린으로 시작된 제약 분야의 발달은 각종 치료제의 개발을 통한 질병의 치료뿐 아니라 비만 조절제, 노화 방지약, 숙면제까지 우리의 수명을 연장해줄 뿐 아니라 우리의 삶을 더 건강하고 풍요롭게 해주기 위해 계속 발전하고 있다.

이와 같이 아침에 눈을 떠서 늦은 밤! 잠자리에 들기까지, 현대를 살아가는 하루의 일상은 과학 속에 파묻혀 있다. 물리·화학·생명과학·지구과학의 모든 면에서 보면 우리 생활 하나하나가 결코 과학과 동떨어질 수 없다는 것은 물론, 특히 화학은 우리가 모르는 사이에 우리의 의지와는 상관없이 늘 우리 곁에서 함께 하고 있다.

화학은 난해하고 복잡한 과학자들의 삶 속에만 존재하는 것이 아니라 우리의 일상 속 어디에서나 만날 수 있는 재미있는 친구다. 누구나가 궁금증과 호기심을 갖고 보이는 모든 것들에 대해 궁금해 하며 문제점을 발견하고 해결 방안을 고민해가는 과정이야말로 과학적인 삶이다.

그 고민을 풀어가는 과학적인 탐구 과정은 다가올 우리들의 세상을 더욱 행복하게 할 것이다.

원소의 탄생과 진화

"수헤리베붕탄질산……."

학창 시절 누구나 한 번쯤은 외워본 적이 있던 원소들의 이름이다. 수많은 원소들이 빼곡이 들어 있는 주기율표는 지금도 학교의 과학실에 걸려 있는 대표적인 게시물 중 하나이다. 주기율표 속 원소들은 어떻게 탄생하였으며 각 원소의 이름은 어떻게 붙여진 것일까?

세상에는 수많은 종류의 물질이 존재하며 지금 이 순간에도 새롭게 탄생하고 있지만 이들은 모두 몇 가지의 근본 원소들로 이루어져 있다. 누구나 그렇듯이 세상을 구성하는 물질들의 근원에 대한 궁금증은 고대부터 많은 학자들의 관심사였고 그 해답을 찾기 위한 노력이 진행되어왔으며 그 과정에서 기초 과학이 발전하게 되었다.

원소의 근원에 대한 구체적인 제시는 기원전 600년 경에 탈레스 Thales부터 시작되었다. 그는 "세상 만물은 무엇으로 이루어졌는가?"

에 대한 질문의 해답을 물이라고 주장하였다. 이후 어떤 이는 '불', 또 다른 이는 '공기'가 물질의 근원이라고 주장하였는데, 기원전 450년 경에 이르러 엠페도클레스Empedocles가 물, 불, 공기, 흙의 '4원소설' 을 제안하였다. 그 무렵 데모크리토스Democritos는 세상 만물이 변하지 않고 더 이상 나눌 수 없는 원자atom라는 물질로 되어 있다는 입자론적 견해를 주장한 적이 있었으나, 오늘날의 원소와는 조금 다른 해석이었던 것 같다.

그후 고대 그리스의 자연 철학자 중 가장 많은 영향을 준 인물인 아리스토텔레스Aristoteles(BC 384~322)에 의해 연속적인 물질관이 오랜 세월을 지배하게 된 것이다. 그는 엠페도클레스가 제안한 4가지 원소에 따뜻함, 차가움, 건조함, 습함의 성질을 조합하여 세상의 모든 물질을 만들 수 있다고 주장하였다.

지금 생각해보면 아리스토텔레스의 주장은 신의 세계에 도전하는 무모한 인간의 욕망인 듯 황당해 보이지만, 그럼에도 2000년 동안이나 사람들의 물질관을 지배할 수 있었던 이유는 무엇이었을까?

물질 세계의 네비게이션, 주기율표

아리스토텔레스의 후예인 수많은 연금술사들!

그들은 어두컴컴한 실험실 속에서 빛도 보지 못한 채 세상 밖으로 사라져갔지만 과학의 세계에서 보면 중세 과학을 이끌어왔으며 화학의 발전을 가져온 숨은 장본인들이라고 할 수 있다. 질병에서 해방시켜줄 수 있는 명약의 개발과 불로장생을 이루어줄 신약의 제조를 꿈꾸었고 납이나 구리 등의 값싼 금속을 이용하여 고가의 귀금속을 만들고자 하는 시도를 끊임없이 반복해왔다. 연금술錬金術alchemy의 등장이야말로 근대 과학이 태동하게 된 원동력이며 계속된 실패와 실험의 조작을 통해 실험 방법과 실험 도구의 개발, 데이터의 기록과 체계적인 분석 방법을 찾게 해주었으며 새로운 근대 과학의 세계로 들어갈 수 있도록 문을 활짝 열어주었다.

4원소설과 연금술은 1660년대에 와서 보일에 의해 순물질과 화합물에 대한 의문을 갖기 시작하였으며, 1700년대 중반에 이르러 캐번디시의 물의 합성, 프리스틀리의 산소의 합성 실험 등을 거쳐 서서히 베일을 벗게 되었다.

1789년에 이르러 라부아지에Antoine Lavoisier(1743~1794)는 『화학의 원소Elements of Chemistry』에서 33가지 원소들을 열거하였으며, 1818년에 베르셀리우스는 당시 알려진 47가지 원소 중 45가지 원소들의 상대적 질량(원자량)을 구하였다. 이후, 1869년에 멘델레예프Dmitri Mendeleev(1834~1907)는 66가지 원소를 배치한 주기율표를 만들었는데, 당시 발견되지 않은 여러 원소들에 대한 원자량과 성질의 예측이 가능하게 되었다. 당시 주기율표는 원자량 순으로 배열되었으며 그 당시 발견되지 않은 가상 원소들의 원자량과 성질을 예측할 수 있었는데, 아쉽게도 규칙성에서 벗어나는 원소들도 몇 가지 존재하였다. 1913년에 그 문제점은 드디어 모즐리Henry

Moseley(1877~1915)에 의해 해결되었는데, 주기율표의 배치 순서를 원자핵의 양성자수로 정한 원자번호 순으로 재배열하면서 오늘날의 주기율표가 완성되게 된 것이다.

원소 기호는 전 세계 사람들이 원소를 한 눈에 알아볼 수 있도록 나타내는 공통의 기호이다. 이 원소 기호의 등장이 과학자로도 인정받지 못했던 중세의 연금술사들에 의한 것이라니 참 아이러니하다. 원소 하나하나를 그림 형태로 표현했던 최초의 원소 기호는 그 수가 증가함에 따라 18세기에 들어와 원자설을 주장한 돌턴에 의해 원과 기호를 사용한 간단한 모형으로 변화되었고, 이를 계기로 체계적인 화학의 발전이 촉진되었다.

수소는 'H', 탄소는 'C', 산소는 'O' 등으로 나타내는 오늘날의 원소 기호는 스웨덴의 베르셀리우스Berzelius가 제안한 것으로, 각 원소의 알파벳 이름을 이용하여 1~2개의 알파벳으로 표시한다. 원소의 이름은 라틴어나 그리스어의 어원에서 유래되었으며 원소의 물리적 · 화학적 성질, 대표적인 용도, 발견된 지명이나 과학자의 이름 등을 의미하기도 한다.

96번 퀴륨Cm은 마담 퀴리를, 99번 아인슈타이늄Es은 아인슈타인을, 101번 멘델레븀Md은 주기율표를 완성한 멘델레예프의 업적을 기리기 위해 명명한 원소 기호이다.

현재 발견된 원소들 중 자연계에 존재하는 가장 무거운 원소는 92번 우라늄U이며, 나머지 원소들은 과학자들의 일생을 건 노력과 집념의 연구 속에서 인공적으로 탄생한 원소들이다.

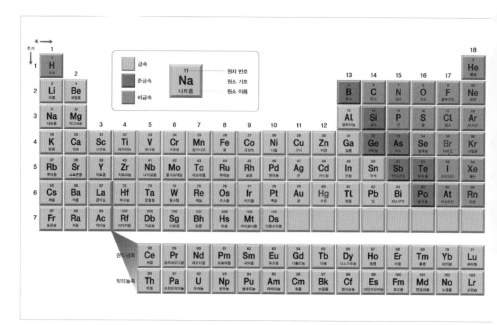

주기율표

2011년에는 원소 114번과 116번인 플레로븀과 리버모륨이 주기
율표에 새로 등재되었으며 113번, 115번, 117번, 118번은 생성·발
견했다는 발표가 있었지만, 국제 순수 응용 화학 연맹IUPAC의 규정
에 따라 새로운 원소로 공식 명칭을 얻기 위해서는 독립적인 기관 두
곳에서의 발표가 있어야 하므로 아직까지는 주기율표상 공식적인 명
칭을 얻지 못하고 있다.

2013년 8월에는 스웨덴의 룬드대학 연구팀에서 115번 우눈펜튬
을, 2014년 5월에는 독일의 GSI 헬름홀츠 중이온 연구소에서 2010
년 미국과 러시아 연구진이 처음 만들어낸 원소 117번 우눈셉튬
Ununseptium의 재현에 성공하여 곧 주기율표상의 공식 등재가 기대

278

되고 있다.

초기 원소의 대부분은 영국과 스웨덴의 과학자들에 의해 주로 명명되었으며 최근 발견되는 새로운 원소의 경우는 미국, 러시아, 독일의 과학자들에게 행운이 돌아갔다. 아시아에서는 처음 2011년에 일본의 모리타 고스케 박사가 113번 원소를 발견한 영광의 인물이 되었으며, 주기율표 역사상 최초의 일본식 원소 이름인 자포늄Japonium이 등장하는 기회를 얻었다.

한국형 중이온 가속기 건립

한편 우리나라의 미래 과학부에서도 2021년까지 1조6662억 원을 투입하여 기초 과학 연구원IBS 중이온 가속기 건립 계획을 추진하기로 결정했다. 한국형 중이온 가속기인 '라온'은 양성자에서 우라늄까지 다양한 중이온의 가속·충돌을 통해 물질 구조를 변화시켜 희

대전 신동 지구 내 95만2천㎡ 부지에 13만㎡ 규모로 건설될
국제 과학 비즈니스 벨트 핵심 시설인
한국형 중이온 가속기 '라온'의 조감도

귀 동위 원소를 생성하고 이를 첨단 기초 과학 연구에 활용하는 연구 시설로 핵물리 연구뿐 아니라 원자력, 의학, 에너지 등 다양한 분야에 활용할 수 있다.

한국형 중이온 가속기 건립을 계기로 과학자들의 글로벌 공동 연구를 통해 우리나라 기초 과학 수준을 업그레이드시킴은 물론, 주기율표에 한국형 원소 이름을 등재시킬 수 있는 영광을 기대해본다. 특히 미지 원소의 발견으로 한국인 최초의 노벨상 수상이 빠른 시일 안에 이루어질 수 있기를 기대해본다. 새 원소를 발견하려는 노력은 계속될 것이다.

'조선은 천문학 연구 말라'는
중국의 명령을 거부했다

　세종대왕이 훈민정음을 창제한 날을 기념하는 한글날의 유래는 『세종 실록』에 1446년(세종 28년) 음력 9월에 훈민정음이 반포되었다고 기록되어 있는 것이 근거가 됐다. 1940년에 발견된 『훈민정음 해례본』에는 1446년 음력 9월 상순에 훈민정음을 책으로 펴냈다고 기록되어 있다. 그래서 이날을 양력으로 환산하여 10월 9일을 한글날로 제정하여 기념하게 된 것이 정설이다.

　한글 창제라는 위대한 업적을 남긴 세종대왕은 과학적인 사고와 창의력이 뛰어났다. 인재를 발굴하고 적절하게 기용하는 데 탁월한 재능을 가진 인물이기도 하였다. 세종대왕의 치세에는 한글 이외에도 과학 기술을 이용한 다양한 천문 관측기구와 시계, 인쇄술, 화포 등 많은 과학 발명품을 만들어 백성들의 생활에 크게 도움을 줬다.

중국 통제 아래서도 꽃피운 조선 천문학

당시 중국에서는 천문 관측에 관한 사항이 기밀 사항이었다. 황제의 허락이 있어야 천문학 공부를 할 수 있었으며 조선이 천문학에 관심을 가지는 것조차 허용하지 않던 시절이었다. 조선은 중국에서 알려주는 천문학 정보에 의지해야만 했고 조선으로서는 잘 맞지 않는 정보가 매우 불편할 수밖에 없었다. 우리나라와 중국은 지리적으로 위도와 경도가 다르다. 그러므로 중국에서 관측한 일식, 월식, 달뜨는 시각, 해뜨는 시각, 태양 고도 값 등등도 다를 수밖에 없었다. 세종대왕은 그러한 차이를 이미 알고 있었으며 그 차이로 인해 농사를 지어 살아가는 우리 백성들에게 큰 피해를 주고 있다는 점을 안타깝게 생각하였다.

조선의 근간은 농업이었다. 그러므로 천문에 관심을 기울이고 그에 따른 강수, 바람, 태풍, 가뭄, 폭설 등 농사와 관련한 하늘의 움직임이 매우 중요했다. 그런 와중에 세종대왕은 재능이 뛰어난 인재를 등용하고 많은 노력을 기울여 우리나라 실정에 맞는 천문 관측 장치를 만들었다. 세종대왕은 단순한 경험에 의한 수치에 의존하지 않았다. 과학적이고 정확한 천문 관측을 통해 기후 변화와 일기를 예측해 대처하려고 노력했다.

세종대왕의 지혜와 백성을 위하는 마음이 없었다면 천문 관측 장치를 만드는 데 노력을 기울이지 못했을 것이다.

천문 관측 장치의 하나인 '혼천의'라는 천체 위치 측정기 겸 천문

혼천의

시계를 제작하였다. 이때 만든 혼천의는 중국의 것에 비교하여 매우 정교하고 독창적이었다. 혼천의라는 명칭의 뜻은 둥글다는 뜻의 혼과 하늘 천, 그리고 천문 기구를 뜻하는 의를 모아서 하늘을 측정하는 기구라는 의미를 담고 있다. 과학적인 측면에서도 중국의 것을 앞질렀다. 별의 위치뿐만 아니라 시간을 알려주는 장치가 정교하게 설치되어 있었다. 혼천의가 설치된 간의대에서는 매일 밤 관원들이 번(날을 새며 근무를 하는 것을 말함)을 서면서 관측을 하였으며 밤새 천문 관측을 통하여 하늘의 움직임을 세밀하게 파악하였다. 이 혼천의를 만들기 위해서 세종은 장영실을 중국에 보내 자료 조사를 하게 하였고 정초, 정인지, 이천, 장영실 등을 중심으로 설계와 제작을 하도록 맡겼다.

휴머니스트 대왕 '세종'

한편 세종대왕은 천문 기상뿐만 아니라 다른 과학 기술에도 크게 관심을 기울였다. 가장 눈에 띄는 업적으로는 해시계, 물시계, 측우기 등의 발명을 들 수 있다. 이러한 관측기구의 발명은 농사를 짓는 백성들에게 필요한 정보를 제공하는 데 중요한 역할을 했다.

해시계를 예로 들면 정초, 장영실 등이 발명한 앙부일구가 있다. 앙부일구는 형태가 솥을 걸어놓은 모양처럼 생겨서 붙여진 이름이다. 반구 형태의 몸체와 시각을 가리키는 바늘이 안으로 오목한 반구의 중심을 가리키며 붙어 있다. 그리고 붙어 있는 바늘의 그림자가 시간을 알려준다. 앙부일구의 오목한 반구 모양은 지구가 둥글다는 사실을 반영해 만들었을 것으로 생각할 수 있는 부분이다. 이렇게 만들어진 해시계는 중국의 것보다 훨씬 정확한 새로운 발명품이었다. 이 해시계는 일본에 전해주기도 했다. 앙부일구는 시간뿐만 아니라 절기를 표시하여 농사짓는 백성들에게 씨 뿌리는 시기. 수확 시기 등을 알 수 있게 해주었는데, 세종은 이 해시계를 궁궐뿐만 아니라 백성들이 많이 오가는 장소 중 여러 곳에 설치했다고 한다. 이를 통해 백성들에게 시각과 절기를 알고 농사시기를 놓치지 않도록 해주었던 휴머니스트 대왕, 세종의 배려심을 느낄 수 있다.

그러나 흐리거나 비가 오는 날에는 해시계를 사용할 수 없었으므로 세종 치세에 가장 뛰어난 과학자였던 장영실은 자격루라는 물시계를 만들었다. 자격루 기술은 중국이나 서양과는 차별화된 것으로

자격루

세 개의 인형이 설치되어 있어 시간마다 스스로 종과 북을 울려 자동으로 시간을 알려주는 장치였다. 세종은 그 이외에도 매우 정교한 인쇄를 할 수 있는 금속 활자의 인쇄술, 화포의 주조 기술과 화약 제조 기술 등을 발전시켰다. 이는 중국의 기술보다 더 발전된 독창적인 기술이었다.

궁궐뿐 아니라 백성들이 지나다니는 저잣거리에서도 정확한 시간을 알 수 있게 다양한 형태의 시계를 제작하고 설치했던 조선!

시간만 전담하는 많은 관리를 따로 두었을 정도로 과학기술에 종사하는 인재들을 등용해 실생활에 필요한 발명품 제작이 왕성하였던 나라!

이렇게 600여 년 전 조선은 이미 위대한 과학자 왕을 가진 과학 선진국이었다. 그리고 우리에게는 이미 오래전에 스티브 잡스나 빌 게이츠보다도 더 위대한 장영실과 같은 조상들이 있었다.

서울 광화문 광장에 나가면 이순신 장군 동상과 나란히 세종대왕

동상이 세워져 있다. 그 옆에 있는 혼천의, 앙부일구, 측우기를 유심히 살펴볼 기회를 가져보자. 그리고 세종대왕 동상 아래에 지하 건물이 마련되어 있다. 그곳은 세종과 관련하여 그의 치세와 그 시절 제작된 다양한 과학 발명품들이 전시되어 있으며 설명을 들을 수 있다. 그곳을 둘러보면 다시 한번 세종대왕의 위대한 업적과 우리 조상들의 뛰어난 지혜의 발자취를 만날 수 있다.

칼 세이건과
어린 시절의 꿈

어린 시절 밤하늘을 보며 반짝이는 별의 신비로움과 동경으로 누구나 한 번 쯤은 천문학자가 되기를 꿈꿨던 기억이나 영롱하게 빛나는 별에 다양한 의미를 부여하며 신비함에 매료되었던 적이 있을 것이다.

특히 겨울밤의 아름다운 별들을 바라본 적이 있는가?

추운 겨울이면 지표면이 차가워지고 지표면과 접하는 대기도 냉각되면서 하강 기류가 생겨 대기층의 하부 밀도가 증가한다. 그러면 지표 가까이에 있는 대기의 큰 밀도로 인하여 대류가 잘 일어나지 않게 되어 안정된 대기층이 형성된다.

그 결과 밤하늘에 반짝이는 별을 관측하는 데에는 겨울철 대기가 최적의 조건을 제공한다. 필자도 대학 시절 추운 겨울밤이면 야간 관측을 위해 추위를 이겨내며 천문대에 올라갔던 기억이 있다.

고등학교 시절 새해를 맞이하며 1월 1일 첫날 신문에 멋진 행성들의 사진과 함께 실린 〈우주의 신비〉라는 칼럼을 읽었다. 그 칼럼은 당시 국립 천문대장이었던 민영기閔英基 박사가 쓴 것인데, 그것을 계기로 우주에 대한 관심이 더 커졌다. 이런 관심이 아마도 대학에 진학할 때 전공과목을 선택하는 데에도 영향을 미친 것 같다.

미국 항공 우주국National Aeronautics and Space Administration(NASA)에서는 태양계 탐사를 위해 보이저Voyager 1호, 2호를 우주로 쏘아 올렸다. 그 우주선들이 태양계 행성을 여행하며 지구로 최신 정보를 보내왔다. 새롭고 다양한 내용이 신문 한 면을 채우고 화려한 컬러 화보로 보는 행성의 모습에 여고생은 완전히 매료되었으며, 천문학에 대한 호기심과 관심이 머리와 가슴 속에 가득하였다. 그렇게 며칠에 한 번씩 연재하는 과학 칼럼을 읽었으며, 읽고 난 뒤에는 신문 칼럼을 잘라서 모아두었다. 태양계와 태양 주위를 돌고 있는 행성들의 최신 정보를 알기 쉽게 소개하였으며, 우주에 대한 다양한 내용을 실어 그 당시 천문학에 대한 읽을거리가 많지 않았던 시절에 좋은 참고 자료 역할을 해줬다. 매번 '다음 내용이 무엇일까?' 궁금해하며 일주일을 보냈던 기억이 생생하다. 지금까지도 그 신문을 버리지 않고 보물처럼 간직하고 있는 이유는 청소년기 꿈을 꾸게 해준 소중한 추억이기 때문이다.

책에서 만난 광활한 우주

이런 계기로 천문학에 대한 관심은 깊어져서 읽을만한 책을 찾던 중에 미국 천문학자 칼 세이건Carl Sagan이 쓴 『코스모스Cosmos』라는 책이 번역되어 출간됐다. 우주에 대한 전반적인 내용과 천문학 역사에 이르기까지 비교적 쉽게 이해할 수 있는 책이었다.

칼 세이건은 『코스모스』를 쓰면서 일반인들도 더욱 쉽게 천문학의 내용을 알 수 있게 서술해놓았다. 다양한 에피소드와 별에 대한 흥미로운 이야기가 포함되어 있다. 천문학에 관심을 가진 사람이라면 누구나 쉽게 읽을 수 있도록 대중을 위한 천문학 저서를 쓴 것이다. 또한 칼 세이건은 당시 TV를 통해 대중에게 천문학을 쉽게 이야기해준 천문학자이다. 그때는 천문학이나 우주에 대하여 관심을 가진 사람이라면 칼 세이건이 설명해주는 우주에 대한 흥미롭고 재미있게 전개되는 다큐멘터리 프로그램을 시청했다. 칼 세이건은 그 프로그램을 계기로 지금의 한류 아이돌 못지 않은 인기를 누렸다. 『코스모스』는 책과 동시에 13편의 TV 시리즈로도 제작하여 방영되었다. 시청자가 1억4000만 명을 넘었다고 한다. 칼 세이건은 어려운 천문학을 대중적이면서도 문학적인 특유의 문체로 설명하여 "까다로운 우주의 신비를 안방에 쉽고도 생생하게 전달했다."라는 평가를 받았다. 그 공로로 에미상과 피보디상을 받았다.

그는 천문학을 인류 전반의 미래와 관련해서 풀이해야 한다고 하였다. 그는 "일반 대중은 생각했던 것보다 훨씬 더 많은 과학 지식을

가지고 있으며, 인간은 본질적으로 과학 정신을 가지고 있기 때문에 그렇게 많은 사람들의 마음을 움직일 수 있었다."고 말했다. 그리고 '우주에는 너무나 알아야 할 것이 많고 그 궁금증은 모든 인간이 동일하게 갖고 있다'라고 생각하였다. 그리고 그는 책머리에 "가장 접하기 쉬운 대중 매체인 TV를 이용하여 천문학을 이야기하고자 하였다."라고 밝히고 있다.

인간은 생명의 기원이나 지구, 우주, 외계 지적 생물의 탐사에 대한 호기심이 크다. 그리고 우주와 인간의 관계에 대하여 호기심을 가지고 있다. 이러한 사상과 과학적 사실을 담은 『코스모스』라는 책은 결국 천문학으로 사람들을 안내하는 바이블 역할을 하고 있다.

보이저 1호가 보여준 환상적인 태양계

1990년 2월 14일, 연인들이 사랑을 고백하는 발렌타인 데이였지만 천문학자들에게 있어서 이 날은 다른 의미의 뜻 깊은 날이었다.

우주 탐사선 보이저 1호가 해왕성 근처를 지나면서 지구를 비롯한 행성들의 사진을 촬영하여 전송한 것이다. 태양에서 약 60억km 밖에서 찍은 태양계 사진이었다. 그저 아주 조그만 푸르스름한 점으로 찍힌 지구가 그 사진 안에 있었다. 이 사진 속의 지구 크기는 0.12화소에 불과하였으며, 사진 속 지구를 '창백한 푸른 점Pale Blue Dot'이라고 불렀다. 그후 보이저 1호는 2005년 5월에 태양계와 외부 우주 공간의 경계에 진입하였다. 그리고 2013년 8월에 태양계를 완전히 벗어나 항성 간 공간Interstellar space을 여행하고 있다. 그곳은 지구로부터 약 193억km 떨어진 곳이며 현재도 시간당 6만km의 속도로 지구에서 멀어지고 있다.

칼 세이건은 사진 속 지구를 보고서 감명을 받아 『창백한 푸른 점』을 저술하였다. 사실, 이 사진은 칼 세이건의 생각으로 촬영한 것이었다. 그는 자신의 저서에서, "지구는 광활한 우주에 떠 있는 보잘것없는 존재에 불과함을 사람들에게 가르쳐주고 싶었다."라고 밝혔다.

보이저 1호의 모습

이런 생각을 가지고 그는 보이저 1호의 카메라를 지구 쪽으로 돌릴 것을 제안했다. 많은 반대가 있었지만, 결국 지구를 포함한 6개의 행성을 찍을 수 있었다. 그리고 이 사진들의 이름은 '가족 사진'으로 붙여졌다. 그 작은 점인 지구를 보면 인간이 이 우주에서 유일한 생명을 가진 존재라는 것이 환상이라는 것을 느끼게 한다.

이 책에서 그는 이런 철학적인 말을 남겼다.

"지구에 사는 모든 존재는 한 줄기 햇살 속에 흩날리는 먼지, 티끌 하나에서 살고 있다.(on a mote of dust suspended in a sunbeam)"

그 넓은 우주를 보면서 우리 인간은 늘 겸손해야 한다는 메시지.『창백한 푸른 점』은 과학은 물론, 인문학이나 철학이나 예술 분야 등 모든 학문을 공부하는 사람들에게 천문학과의 만남을 이처럼 가슴 뭉클하게 하였다.

노년의 칼 세이건과 그의 저작 『창백한 푸른 점』의 표지

멀게만 느껴지던 천문학! 대중에게 다가오다

칼 세이건은 우주 과학의 대중화를 선도하였다. 그는 미국 우주 계획의 시초부터 지도적인 역할을 했다. 1950년대부터 NASA의 자문 역할을 하였으며, 여러 행성의 탐사 계획에도 활동했다. 또한 핵 전쟁의 전 지구적 영향에 대한 이해나 다른 행성의 생물 탐색, 생명의 기원 과정에 대한 실험의 선구적 역할을 했다. 그는 1975년에 인류 복지에 대한 공헌으로 성 조셉상, 1978년에 『에덴의 용*The Dragons of Eden*』으로 문학 부문 퓰리처상, 미국 우주항공 협회의 존 F. 케네디 우주항공상, 소련 우주항공가 연맹의 치올코프스키 메달, 미국 천문학회의 마수르스키상 등 일일이 나열할 수 없을 정도로 많은 상을 받았다.

그의 문학적 소질은 외계 지적 생명체와의 조우를 그린 소설 『콘택트*Contact*』를 쓰게 했다. 이 소설은 영화로 제작되었으며, 미국

의 여배우 '조디 포스터'가 주연으로 열연하여 사람들의 많은 주목
을 받았다.

과학이란 이렇게 늘 우리에게 존재하고 우리 곁에서 같이 숨 쉬고
있는 살아 있는 세포와 같은 존재이다.

특히 천문학은 사람에게 겸손을 가르치고 인격 형성을 돕는 철학
의 과학이다. 천문학을 공부하고 학생들을 가르치는 필자가 그러했
듯이, 이 글을 읽는 청소년들도 과학에 대한 꿈을 키워줄 좋은 책 한
권을 만나 우리 인류의 먼 미래를 위해 헌신하는 세계적 인재로 훌륭
하게 성장해주길 기대한다.

별똥별과 동심

어린 시절 밤하늘을 가로지르며 떨어지는 '별똥별'을 보면 신비롭기만 했다. 소원을 빌어야 한다는 생각에 얼른 생각나는 대로 소원을 말했던 기억이 생생하다. 대부분의 사람들이 '별똥별'이라 부르는 것이 바로 유성이며 소원을 빌면 이루어진다고 믿는다. 과연 그럴까?

2014년 3월 9일, 우리나라 하늘에 커다란 유성이 나타나 세간에 관심이 높았다. 그날 필자도 밤하늘에 유난히 큰 불덩어리 같은 것이 하늘을 가로질러 남동쪽으로 길게 포물선을 그리며 떨어지는 장면을 우연히 목격했다. 지금도 그 순간이 생생하게 떠오른다. 순간 "앗! 저게 뭐지? 인공위성이 떨어지는 것인가? 아니면 더 큰 비행 물체일까?"라는 생각이 머리를 스쳤다. 작은 유성은 가끔 관찰했지만, 목격했던 당시의 물체는 지금까지와는 비교도 안 되게 밝고 매우 큰 형태로서 하늘을 가로지르며 떨어지는 모습은 처음 본 광경이었다. 그렇게 미확인 물체가 떨어지는 것을 목격한 뒤에 다음 날 뉴스를 통해 운석으로 추정되는 암석이 경남 진주 지역에서 발견됐다는 소식을 들었다.

그날 이후 진주 지역에서 발견된 암석은 진짜 운석으로 밝혀졌다. 이 사건으로 진주 지역에 외지 사람들이 몰려와 또 다른 운석을 찾아다니는 일도 벌어졌다. 또한 전북 고창에서도 운석으로 추정되는 암석이 발견되었으며 갑자기 여러 지역에서 운석을 찾겠다고 모여드는 사람들로 들썩였다. 이처럼 떠들썩할 만큼 관심이 높은 것은 우리나라에서는 유성으로 떨어져 운석으로 남아 발견된 경우가 아주 드문 일이기 때문이다.

운석만이 가지는 독특한 문양

유성은 지구 밖 우주 공간에 떠돌던 유성체가 지구 대기권 안으로 들어온 것이다. 이것이 타고 남은 일부가 지표로 떨어진 것을 운석이라고 한다. 지구는 대기로 둘러싸여 있어 대기권 안으로 들어온 유성은 엄청난 속도로 낙하한다. 그리고 대기의 작용으로 대부분 빛을 내며 타버려 잔해가 남기 어렵다. 진주 지역에서 발견된 운석도 대기를 통과하면서 겉 부분이 새까맣게 탄 흔적이 역력했다.

지구상의 암석 속에 존재하는 철 성분의 형태는 공기 중의 산소와 결합한 산화철로 존재하는 경우가 대부분이다. 그런데 운석 속에 존재하는 철 성분은 산소와 결합한 형태가 아니라 순수한 금속철로 산

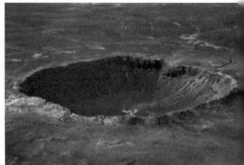

유성우가 내리는 밤하늘과 미국 애리조나 주의 운석 구덩이

출되는 경우가 많다. 그 이유는 운석이 생성 당시, 산소가 없는 환경에서 낮은 압력과 건조한 조건에서 생성되었기 때문이다. 그리고 운석만의 고유한 구조인 콘드룰chondrule이나 비스만스태텐 구조가 나타난다. 콘드룰 구조는 우주 공간에서 녹았던 암석이 액체가 되었을 때, 물방울 모양으로 둥글게 식은 형태를 말한다. 비스만스태텐 구조는 철과 니켈이 고체 상태에서 확산에 의한 분화 과정을 거쳐 형성된 빗살무늬 같은 구조를 보여주는 것이다.

지구에 떨어지는 운석은 화성과 목성 사이의 소행성대에서 떨어져 나온 것으로 추정된다. 지구의 탄생과 비슷한 시기인 약 45억 년 전에 소행성 사이의 충돌 때문에 생긴 유성체에서 비롯되었다고 볼 수 있다. 또한 몇몇 운석은 혜성 핵의 일부이거나 달, 화성의 표면 일부가 충격으로 떨어져나온 것으로도 생각하고 있다. 따라서 태양계의 초기 역사를 연구하는 데 매우 중요한 단서가 되고 있다.

우주의 선물

운석의 크기는 아주 작은 몇 그램부터 수십 톤에 이르기까지 다양하다. 세계에서 가장 큰 운석은 1920년에 발견된 아프리카 나미비아의 호바 운석hoba metrorite이다. 철이 84% 이상 함유되어 있으며 65~70t에 달한다. 한편, 미국 애리조나 주에 떨어진 운석은 약 2만 년 전에 지표에 충돌하였다. 그 결과 지름 1280m, 깊이 175m의 커다란 운석 구덩이meteorite crater를 만들었다. 이 정도의 운석 구덩이는 약 6만t급 이상의 운석이 충돌하여 형성된 것으로 추정된다.

운석은 성분 물질의 구성에 따라 철질 운석鐵質隕石, 석철질 운석石鑛質隕石, 석질 운석石質隕石으로 구분한다. 철질 운석은 철과 니켈이 주된 성분이며 지구상 암석에서는 발견되지 않는 특유의 격자무늬 결정 구조로 되어 있다. 석철질 운석은 니켈-철 금속과 분화된 규산염광물이 혼합된 형태이다. 석질 운석은 주로 규산염 광물로 이루어진 것이며 콘드률 구조가 나타나 있다. 그리고 분화 정도에 따라서 미분화 운석인 콘드라이트chondrite(구립 운석)와 콘드률 구조가 보이지 않는 분화 운석인 에이콘드라이트achondrite(무구립 운석)로 구분한다.

지구상에서 발견된 운석 중의 약 70% 이상이 남극에서 발견되었다. 그 이유는 운석 표면이 검게 타서 얼음이나 눈으로 덮인 남극 대륙에서 발견될 확률이 높기 때문이다. 최근 우리나라도 남극에 있는 극지 연구소가 달 운석으로 판명된 운석을 발견하기도 하였다.

철질 운석(표면이 금속 광택이 나고 밀도가 큼)　　운석에 나타난 비스만스태텐 구조

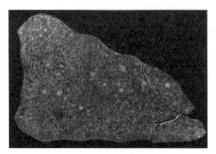

석질 운석의 콘드률 구조(동그랗게 보이는 구조)

우리나라에 떨어진 운석들

　　2014년에 진주 지역에 떨어져 확인된 운석은 역사적으로 71년만
이다. 1943년에 전남 고흥군 두원면에서 발견된 두원 운석을 비롯하
여 운곡, 옥계, 소백 등에서 4개의 운석이 낙하 또는 발견된 것으로
기록되어 있다. 1924년 9월 7일에 전라남도 운곡에 낙하한 콘드라이
트 운곡 운석, 1930년 3월 19일에 경상북도 옥계에 낙하한 콘드라이
트 옥계 운석, 1938년에 함경남도 소백에서 발견된 철운석 소백 운

한국 지질 자원 연구원의 지질 박물관에 전시된 두원 운석

석, 1943년 11월 23일에 전라남도 두원에 낙하한 콘드라이트 두원 운석이다. 하지만 일제 강점기에 떨어진 운석이어서 대부분 일본으로 반출되었다. 그 중 두원 운석만이 일본으로 반출되었다가 1998년에 영구 임대 형식으로 우리나라에 반환되었다. 현재 두원 운석은 한국 지질 자원 연구원 내의 지질 박물관에 전시되어 있다. 여기에 지난 2014년 3월 9일에 목격된 유성의 잔해로 그 다음 날인 2014년 3월 10일과 2014년 3월 11일에 진주에서 발견된 운석들이 추가된 것이다. 진주에서 발견된 운석은 지금까지 총 4개이다.

운석은 구조나 내부 조직, 화학적 특성 등이 우리 태양계가 생성될 때 당시의 정보를 줄 수 있으므로 과학 분야에서는 큰 관심거리가 되고 있다. 특히 원시 태양계에서 최초로 형성된 미행성의 잔해로 된 운석은 과학적으로 중요한 연구 대상이며, 또한 지구상에서 외계로 나가지 않고 외계의 물질을 얻을 수 있는 유일한 방법이기도 하다. 그러므로 연구 대상으로 가치가 높고, 한편에서는 그 희소성으로 수집가들에게 매우 비싼 값에 거래되기도 한다.

이렇게 운석은 태양계의 생성, 변화 과정 등의 우주과학 연구에 많은 귀중한 정보를 제공할 수 있다. 그리고 미래의 우주과학 산업에도 응용될 수 있어 연구가 지속적으로 진행되고 있다.

앞으로 과학은 더욱 발전하여 우주 탄생의 비밀이나 인류가 궁금해 하던 문제들을 하나씩 풀어나갈 것이다. 우주 생성과 미래에 대한 끊임없는 호기심과 연구는 어린 시절 별똥별을 보며 소원을 빌었던 동심에서 시작된 것이고, 과학의 발전 속에서도 그 순수함을 소중히 간직하는 것이야말로 과학적인 감성이 가득한 인생을 살아가게 한다.

〈연가〉의 배경이 된
화산 호수

모닥불을 피워놓고 옹기종기 모여앉아 통기타 선율에 맞추어 손뼉을 치며 부르던 노래 "비바람이 치던 바~다 잔잔해져오~면~~" 이 노래를 기억하는가? 혹은 알고 있는지? 1970~80년대 대학 시절을 보낸 사람들이라면 누구나 이 노래 〈연가〉를 부르며 추억을 만들던 시절이 떠오를 것이다.

그 당시에 많은 대학생의 사랑을 받았던 노래 〈연가〉는 뉴질랜드 민요다. 이 노래 가사의 바다는 바다가 아니라 호수이며, 화산 활동으로 형성된 호수를 배경으로 한 애절한 사랑 이야기가 숨어 있기도 하다. 몇 년 전에 뉴질랜드를 방문했을 때 이 이야기에 흠뻑 빠져 호수를 바라보며 시간 가는 줄 모르고 낭만을 즐긴 적이 있다. 그런데 우리나라와는 너무 멀리 떨어진 뉴질랜드의 민요가 왜 우리나라 사람들의 심금을 울리며 사랑을 받았던 것일까?

그 이유는 1950년 한국 전쟁 당시 UN군으로 참전했던 뉴질랜드의 마오리족 군인들로부터 유래한다. 그들은 머나먼 이국땅 전쟁터에 와서 추위와 외로움을 견디면서 자신들의 민요를 불렀는데, 그 노랫가락이 우리나라 사람들의 정서에도 잘 맞았다. 그래서 노랫말을 우리나라 말로 번역해 〈연가〉라는 노래로 재탄생하였다. 그 원제는 〈포카레카레 아나Pokarekare Ana〉(영원한 밤의 우정이란 뜻)라고 한다.

화산 호수를 배경으로 한 사랑 이야기

해피 엔딩의 마오리족 로미오와 줄리엣으로 불리는 아름다운 사랑 이야기의 배경이 된 로토루아 호수는 뉴질랜드 북섬에 있다. 로토루아 호수 안에는 모코이아Mokoia라는 섬이 있다. 바로 이곳을 중심으로 아름다운 사랑 이야기가 전해 내려온다. 간단하게 설명하면, 호수 안의 섬에 사는 부족과 호숫가에 사는 부족은 적대 관계에 있었다. 그런데 호숫가 부족의 한 청년과 섬에 사는 부족 추장의 딸은 서로 사랑하게 되었다. 밤마다 호숫가에서 피리를 부는 청년에게 추장의 딸은 카누를 타고서 호수를 건너 사랑을 나누었다. 하지만 곧 발각되어 추장은 카누를 모두 태워버렸다. 그러자 추장의 딸은 맨몸으로 로토루아 호수를 건넜다. 호수를 건너다 지쳐 쓰러진 연인을 청년은 호수의 온천물로 정성스럽게 간호하여 두 사람은 사랑을 이뤘다. 그리고

로토루아 호수 가운데 보이는 섬 모코이아

딸을 지극 정성으로 돌봐준 청년의 사랑에 감동한 추장은 적대 관계에 있던 부족과 화해를 하고 잘 지냈다는 내용이다.

호수의 규모는 뉴질랜드에서 두 번째로 크다. 호수가 있는 지역 전체를 로토루아라고 부르는데, 로토루아에 들어서면 입구에서부터 유황 냄새가 강하게 풍긴다. 여기저기 뿌옇게 수증기가 올라오고 수시로 하늘을 향해 치솟는 간헐천을 곳곳에서 볼 수 있다. 마치 지옥의 입구에 들어서는 듯하다. 언제 어디서 수증기가 갑자기 솟아오를지 모르기 때문에, 여기저기 푯말을 세워놓고 출입을 통제하거나 주의하라는 경고가 씌어 있다. 로토루아 지역 중심으로 더 들어가면 드디어 지구 내부에서 끓어오르는 마그마의 격렬한 활동으로 형성된 지형에 물이 고여 만들어진 바다처럼 넓게 펼쳐진 호수가 나타난다.

이 호수는 지하수가 가열되고 유황과 다양한 미네랄 성분이 녹아 마치 우유를 부어놓은 듯하다. 호수의 물색이 비취색과 푸른색 등으

로 다양하게 섞여 신비감을 자아내고 있으며 수면에서는 유유히 흑
조들이 노닐고 있어 호수 생성 과정과는 전혀 다른 평온함이 느껴
진다.

화산 지형의 특성 중 하나인 풍부한 지열 덕분에 로토루아에서는
마오리 원주민들이 따뜻한 지열을 이용하여 추운 밤을 지낼 수 있었
다고 한다. 음식물도 지열을 이용하여 익혀 먹었다. 마오리족 전통 요
리에 지열을 이용하여 만들어 먹었던 '항이'라는 요리가 그것이다.

한편, 마오리족은 다른 지역 원주민과 비교하여 전통 복식의 형태
가 비교적 단순하다. 밤에 기온이 떨어져도 보온을 위한 옷의 형태가
발달하지 않았다. 다만 나뭇잎 등을 말려 엮어 만든 등에 걸치는 망
토 형태의 겉옷이 있을 뿐이다. 이는 화산 지대의 지열 덕분에 바닥
이 따뜻한 장소를 골라 집을 짓고 생활하였고 밤에 기온이 떨어져도
충분히 추위를 견딜 수 있기 때문이라고 한다. 또한 온천수를 이용해
폴리네시안식 온천을 만들었다. 그곳에 몸을 담가 각종 병을 예방하
거나 치료하는 데 적극 활용하였다.

화산 활동이 준 선물

온천수는 수온이 25℃ 이상이며 인체에 해롭지
않은 성분 물질이 녹아 있는 것을 말하는데, 온천수에 섞여 있는 다
양한 성분들이 치료 효과와 예방 효과가 탁월해 사람들은 예로부터

마오리족 전통 요리 '항이'(좌)와 마오리족 전통 춤 '하카Haka'

많이 활용하였다.

유황 성분이 많이 녹아 있는 온천은 항암 효과와 해독 작용, 염증 치료제, 통증 완화, 피부 노화 예방 등에 효능이 있어서 환자들의 치료에 많이 쓰인다. 염분이 많이 들어 있는 온천의 경우에는 만성 피부 질환에 효과가 있다. 철분을 많이 포함한 온천은 빈혈에, 라돈이 들어 있는 것은 신경통과 류마티스에 효과가 있다고 한다. 그 밖에 탄산 온천은 탄산 이온이 피부에 흡수되어 세포 재생을 촉진하고 불면증, 고혈압, 관절염, 신경통 등의 치료 효과가 있다. 산성 온천은 살균력이 있고 피부병, 무좀 등에 효과가 있다.

이처럼 화산 활동이 활발한 세계 곳곳에서는 주변의 지하수가 가열되고 광물들이 녹아들어간 상태로 지표에 노출되면 온천이 형성된다. 그 과정에서 사람들에게 유익한 환경을 제공하게 되는 것이다.

세계에서 가장 뜨거운 지역 중 하나로 손꼽히는 에티오피아 다나킬이라는 지역의 화산 지대 호수는 높은 온도와 진한 유황 성분 때문에 죽음의 황산 호수라 일컬어지기도 한다. 멀리서 물을 마시러 날아오던 새들이 그 호수에 빠져죽어 여기저기 떠 있기도 한다. 하지만 호수 주변 지역의 낙타 카라반들은 그 물을 떠서 보관하였다가 낙타의 피부 염증 치료제로 활용하기도 한다.

지구의 지각 변동을 일으키는 화산 활동이 인간에게 피해만 주는 것은 아니다. 지구 내부에서 일어나는 화산 활동이 만들어낸 온천이라는 새로운 환경은 병을 치료하거나 예방하는 효과가 탁월하여 인간에게 많은 혜택을 주고 있다.

인간이 사는 지구라는 행성은 참으로 다양한 얼굴을 가지고 있다. 인간에게 무서운 재앙을 주는가 하면 그 재앙이 다시 혜택으로 돌아오기도 한다. '자연의 위대함은 과연 어디까지일까?'라는 생각을 해 보며 그 경이로움에 감동한다.

진화를 거듭해온
지구의 주인공 인류

　영화 촬영장에서 영화 감독이 가장 많이 사용하는 동작은 엄지와 검지를 동그랗게 모아 알파벳 'O'자 형태를 그리며 '오케이'를 외치는 것이다. 손을 높이 들어 보여주는 이런 동작은 무엇을 뜻하는가?

　대부분 그 의미는 '완벽하다'는 표현일 것이다. 또한 실행하던 일이 잘되었거나 상대방의 의사에 동의한다는 의미도 담고 있다. 우리의 일상생활에서 즐겨 사용하는 이 작은 손동작은 어떤 다른 동물들이 따라할 수 없는 인간만이 가진 정교한 손의 특징을 이용하는 것이다. 인간의 손가락은 하나하나가 정교한 동작을 할 수 있게 진화되었다.

　인간과 가장 가까운 유전자를 가진 고릴라나 침팬지 등은 손가락 형태에 있어서 엄지는 매우 짧고 검지는 엄지에 비해 너무 길어서 인

유인원으로부터 진화했다고 보는 인류의 진화 과정

간이 쉽게 할 수 있는 손동작인 'O' 자를 그려서 보여주는 동작을 표현할 수 없다. 이런 작은 행동이 진화론과 맞물려서 인간의 진화 정도를 설명해준다.

지구 탄생과 인류의 조상

인류가 사는 작은 행성 지구는 약 45억 년 전에 탄생했다. 지구는 태양을 공전하고 있으며, 태양은 우리 은하계에 존재하는 약 1000억 개 이상의 별 중 하나에 불과하다. 그리고 '우리 은하계' 또한 우주를 구성하는 수많은 은하계 중의 하나에 속한다. 과학자들은 우주의 탄생과 역사를 엄청난 폭발과 함께 탄생한 '빅뱅 이론big-bang theory'으로 설명하며 약 137억 년 전에 생성되었다고 본다.

광활한 우주 공간에서 아주 미미한 부분을 차지하는 지구이지만,

그 안에서는 활발하게 진행되고 있는 생명체들의 치열한 경쟁과 진화의 과정이 숨어 있다. 그 중 인간은 가장 최후에 나타나서 현재 가장 최상의 단계에 있다고 할 수 있다. 지구는 약 35억 년 전에 최초 생명체가 탄생한 이래 생물들이 진화를 거듭하며 오늘날에 이르렀다. 그 과정에서 인간도 생명체의 일부로서 거대한 진화의 소용돌이 속에서 환경에 적응하였으며 오랜 세월 다양한 변화를 거쳐 현재의 인간 모습을 갖췄다.

인류의 조상임을 알 수 있는 가장 오래된 화석은 약 1200만 년 전의 것인 '라마피테쿠스Ramapithecus'라는 화석이다. 그후 1856년 여름에 독일 뒤셀도르프 근처 네안더 계곡에서 발견된 네안데르탈인 Neanderthal Man은 초기 호모 사피엔스의 두개골이었다. 네안데르탈인은 지금으로부터 약 10만 년 전에서 3만 년 전 사이에 살았으며 효과적인 직립 보행을 했다.

그 뒤 1868년에 프랑스 서남부 지역 베제르 계곡의 크로마뇽 암벽 틈에서 유골이 발견되었는데, 바로 크로마뇽인Cro-Magnon이었다. 이들은 네안데르탈인과 함께 구석기 시대의 대표적인 선사 인류이다. 그들은 그림을 잘 그렸는데, 알타미라 동굴 벽화가 그것을 잘 보여준다. 또한 해부학적으로 현대인의 유골과 같은 진정한 현생 인류다. 이후 아프리카를 중심으로 세계 곳곳에서 활발한 발굴이 이루어졌는데, 발굴된 유골들은 인류 진화에 대한 의문을 하나하나 풀어나가는 데 뒷받침을 하였다.

인간 진화의 서막

인류의 조상이 지구에 나타나 진화를 거듭하면서 지금에 이르게 된 여러 변화 중에서 두드러진 변화는 직립 보행에서부터 출발한다. 직립 보행의 결과로 자유로워진 손은 갈고리 모양의 손톱이 달린 모양에서 납작해진 손톱과 각각의 손가락이 자유자재로 움직일 수 있고, 아주 세밀한 감각 능력이 뛰어난 손으로의 진화는 조작 기술을 발달시킴과 동시에 뇌의 발달에서 중요한 역할을 했다. 또한 색채 감각을 지닌 입체적인 시각으로의 진화 역시 다른 동물과는 차별화된 진화의 길을 걷는 데 큰 기여를 했다.

시력의 경우에는 색을 구별할 수 있는 시각을 가지게 되면서부터 과거 수렵 채집 생활을 하던 시기에 초록으로 우거진 숲 속에서 다른 색깔의 과일이나 열매를 찾는 데 훨씬 유리했을 것이다. 또한 야행성 영장류에서 주행성으로 진화하는 단계에서 훨씬 섬세한 구조의 시신경과 명암 구분 능력이 탁월하게 개조되어 어떤 대상의 모양, 질감, 색 등이 제대로 인식되었으며 인간의 정신적 발달에도 필수적인 배경이 되었다.

인간은 지구의 진화 단계 중 가장 마지막 단계에 나타난 생명체이지만, 다른 어떤 생명체보다도 지구의 환경을 조절할 수 있는 능력을 갖춘 최초의 동물이다. 인류의 조상 중 일부는 약 1백만 년 전에 아프리카에서 유럽에 진출하였으며 약 50만 년 전에는 호모 에렉투스(직립 원인)에서 호모 사피엔스(지혜 있는 사람)로의 진화가 이루어졌다. 그리고 호모 사피엔스를 거쳐 약 1만 년 전 농경 사회를 이루며 정착 생활을 하는 모습을 갖추게 되었다. 이렇게 진화하면서 인간은 지구 환경에 가장 잘 적응하고 더 나아가 환경을 바꾸며 생존해온 것이다.

현대 인류에게 적이 되어버린 진화 유전자 '비만'

인류의 진화 역사에서 또 하나 발견되는 특징 중 하나는 요즘 심각하게 대두하고 있는 비만에 관한 것이다. 아이러니하게도 현대인의 가장 큰 고민거리이기도 한 비만은 사실 오래 전 인류가 수렵 채집 생활을 하던 시기에 환경에 적응하기 위해 진화 과정에서 선택된 유전자로부터 기인한다.

그 당시에는 식량이 부족하여 굶어죽는 사람이 많았다. 그러나 피하지방을 잘 저장했던 사람들은 살아남아 자손을 낳아 대를 이어갈 수 있었다. 환경 적응에 유리한 비만 인자를 가진 개체가 적자 생존의 원리로 살아남아, 비만 유전자가 현재까지 전해진 것이라고 한다.

우리가 사는 지구는 현재 인간을 비롯한 수많은 생물이 환경에 적응하기 위하여 경이로운 생명 활동을 끊임없이 진행하고 있는 그들의 안식처이며 생명체들과 함께 왕성하게 진화를 거듭하고 있는 살아 숨쉬는 태양계 내의 유일한 행성이다.

인간을 비롯한 지구의 모든 생명체는 앞으로 과연 어떤 모습으로 더욱 진화해갈까?

오랜 세월 이어져온 인류의 역사를 되돌아보며 앞으로 인류가 나아가야 할 미래에 대한 통찰력을 가져야 하며, 생명의 위대함을 다시금 인식할 뿐만 아니라 지구를 소중히 아끼고 보전하여 후세에 전해주어야 할 책임도 함께 가져야 할 필요가 있다.

화려한 지하 궁전으로의
초대

인류의 조상들이 삶을 잉태한 태고의 장소, 동굴로의 여행을 잠시 떠나보자.

그 중에서 쉽게 갈 수 없이 신비롭기 그지없는 나라, 영화〈반지의 제왕〉의 촬영 장소로 더욱 유명해진 뉴질랜드로 출발해볼까? 뉴질랜드는 아오테아로아Aotearoa라고도 불리는 남서 태평양에 있는 섬나라로 백년설이 있어 사계절 겨울 스포츠를 즐길 수 있는 남섬과 유황 온천, 사막, 화산까지 존재하는 북섬으로 이루어진 자연 친화적인 나라이다. 오스트레일리아와는 태즈먼 해를 사이에 두고 동쪽으로부터 1500Km 떨어져 있으며 피지, 뉴칼레도니아, 통가 같은 태평양의 섬들로부터도 대략 1000Km 정도 멀리 떨어져 있어 인간이 발견한 마지막 섬 중 하나이다. 또한 오랜 기간 독립적으로 생태계를 지켜온

반딧불이로 가득한 와이토모 동굴

덕택에 뉴질랜드는 다양한 종류의 동물, 식물, 균류 등이 번성해왔으며 보존 정도가 아주 우수하다.

뉴질랜드 북섬의 해밀턴 지역에는 세계적으로 희귀한 반딧불이 동굴인 와이토모 동굴Waitomo Caves이 있다. 이 동굴은 1887년에 영국의 탐험가 프레드와 마오리 추장에 의해 발견되었으며, 동굴의 불가사의한 신비스러움을 관람하기 위해 매년 수십만 명의 관람객이 전 세계에서 찾아온다. 원래 이 일대는 해안가였는데, 대륙이 융기하면서 동굴이 형성되었다고 하며 수백만 년 전의 동물과 어패류 화석들을 볼 수 있어 고고학적 가치가 높은 지역이다.

지하에 흐르는 물줄기에 의해 생성된 석회 종유 동굴인 이 동굴의 지하 강물 길을 보트를 타고 내려가면서 천장과 기둥의 길쭉길쭉한 종유석 구경을 하는 것은 마치 태고 시대로의 회귀 여행과도 같은 기분이 든다. 마오리족의 안내를 받으며 지하 강물을 따라 도착한 곳에서 랜턴을 끄고 무심히 바라본 천장, 와~ 탄성 이외에는 아무 말도 할 수가 없다. 마치 꿈결인 듯 밤하늘의 은하수를 보는 듯이 눈 앞에 펼쳐진 청보라빛 풍경이 주는 몽롱함과 환상적인 풍경은 말로는 다 담을 수 없다. 똑똑 떨어지는 물소리는 어찌나 크게 들리는지! 이 경이로운 풍경은 마치 영원의 우주 공간을 떠도는 듯 가슴이 벅차다.

　불빛의 출처는 바로 동굴 안에 서식하는 반딧불이 글로우웜Glow-warm이다. 천장에 지은 집에 파란색 유충들이 매달려 실처럼 기다랗고 끈적한 촉수를 늘어뜨려 빛을 밝히는데, 이 약한 빛만으로도 동굴에서 서식하는 눈이 퇴화된 곤충들을 유인하기에는 충분하다. 이 신비로운 빛이 먹잇감을 위한 유인책이라니, 자연의 세계는 먹이사슬의 틀을 벗어나기는 어려운가 보다.

생태 학습형 체험 동굴 ─ 백룡 동굴

　우리나라에도 석회 동굴이 발달된 지역이 있다. 강원도 일대의 석회암 지대에 주로 발달되어 있으며 영월의 고씨 동굴, 정선 환선굴, 단양의 고수 동굴, 울진 성류굴 등이 대표적이다. 얼마 전 뉴질랜드의 와이토모 동굴과 유사한 자연의 순수함과 신비를 그대로 지닌 우리나라 동굴을 탐험할 기회가 있었다. 백룡 동굴! 1979년에 천연 기념물 260호로 지정된 뒤에 미개방 상태로 보존되어오던 자연 석회 동굴인 백룡 동굴은 2010년 7월에 새롭게 개장하여 동굴 탐사와 자연사 체험을 하고 싶은 사람들을 불러모으고 있는 국내 최초의 생태 학습형 체험 동굴이다.

이제부터 필자와 함께 떠나는 백룡 동굴의 여행자가 되어 태고적 신비를 느껴보도록 하자.

백룡 동굴 안쪽의 기온은 연중 10℃ 안팎이며 습기도 많고 바닥은 질척하다. 동굴 훼손을 막기 위한 최소한의 규정은 동굴 안에서 앉아서 또는 기어서 이동하는 것은 필수, 그래서 동굴 탐사는 안전 교육 및 탐사 장비 착용으로 시작한다. 안전모, 헤드 랜턴과 장갑, 특히 체온 유지에도 신경을 써야 하므로 탐사 때 제공되는 붉은색 탐사 복장으로 갈아입고 장화도 신는다. 이 정도면 탐사 준비 완료! 이젠 동굴 전문 가이드와 함께 동강의 푸른 물줄기를 가르며 배에 올라 백운산 자락 속으로 들어가면 된다. 생태 체험으로 진행되는 백룡 동굴 탐사는 스릴 만점 여행이다.

백룡 동굴은 그 규모가 크고 동굴 생성물의 학술적 가치가 큰 석회 동굴로 석회암 지대에 생성된 종유굴이다. 석회암이란 바다 속에 사는 산호나 조개 같은 생물들이 죽은 뒤에 쌓이면서 암석으로 변한 것으로 지각 변동 시기에 육지 위로 솟아올라 오랜 세월 빗물과 지하수가 녹아 흐르면서 크고 작은 구멍을 만들게 된다. 그후 시간이 흘러 지열을 받게 되면 물과 이산화탄소가 증발하여 다시 앙금으로 변하는데, 이와 같이 녹았다가 굳었다가를 반복하면서 석회 동굴이 만들어진다.

석회 동굴의 생성 원리

석회 동굴을 '카르스트 동굴'이라고도 하는데, 그 이유는 동굴이 카르스트 작용에 의해 생성되기 때문이다. 카르스트란 용식 지형을 일컫는 말로, 용식 작용이란 이산화탄소가 녹아 있는 약산성의 물에 의하여 석회암과 같은 용해성 암석들의 표면이 녹는 과정을 말한다. 즉 탄산칼슘$CaCO_3$이 주성분인 석회암 지대에 이산화탄소CO_2가 녹은 빗물과 지하수가 지나가면서 고체인 탄산칼슘이 물에 녹는 탄산수소칼슘$Ca(HCO_3)_2$으로 변하는 과정을 반복하며 동굴이 생성되는 것이다.

석회암이 녹으면서 동굴은 더욱 확장되며 다양한 동굴 생성물을 만들어간다. 탄산칼슘이 주성분인 석회 동굴은 온도 변화에 따라 조금씩 녹으면서 동굴 천정에 물방울처럼 맺히게 되고, 이것이 아래로 떨어져 고드름 모양의 종유석을 만든다. 또한 천정의 물방울은 이 종유석을 타고 바닥으로 떨어지는데 마치 죽순이 자라나는 것처럼 동굴바닥에 탄산칼슘이 자라서 석순이 만들어진다. 오랜 시간 종유석과 석순이 자라 만나게 되면 기둥을 이루는데 이를 석주라고 하며,

종유석, 석순, 석주 등 다양한 생성

경사진 천장과 벽면을 따라 커튼 모양으로 자라는 커튼과 베이컨시
트, 천장이나 벽면에 물이 흘러내리면서 만들어지는 유석 등 수억 년
을 간직해온 자연의 비밀이 화려한 지하 궁전의 세계를 만들게 되
는 것이다.

동굴 속 지하 세계로의 여행이 끝나면 어둠을 밝히던 랜턴이 모두
꺼진다. 눈을 뜨고 있어도 보이는 것 하나 없는 절대 암흑! 백룡 동
굴 체험의 백미이다. 태고의 암흑과 정적만이 존재하는 그곳에 와이
토모 동굴처럼 반딧불이를 발견할 수는 없지만, 수억 년 전의 신비를
느끼기에는 충분하다. 일상의 삶이 지루하고 답답해질 때 태고적 자
연으로 돌아가 아름다운 지하 궁전으로의 여행을 추천한다.

한 마디 더. 동굴로 들어가기 전에 동굴 속에 담긴 지질과 지형의
학술적 가치를 알고 천연 자원으로서의 소중함을 되새겨본다면 동
굴 여행이 가지는 관광의 의미는 더욱 클 것이다. 자연이 선물해주는
천혜의 동굴 세계! 흥미 가득한 신비로움을 느껴보자.

과학자들의 꿈!
노벨상

전 세계에서 가장 권위가 있는 상은 무엇일까?

그야 당연히 노벨상이지…….

그렇다. 노벨상이야말로 이 세상 모든 사람들이 인정하고 가장 받고 싶어하는 상이다.

노벨상은 스웨덴 과학자 알프레드 베른하르드 노벨Alfred Bernhard Nobel(1833~1896)의 유언에 의해 만들어졌다. 인류의 문명 발달에 학문적으로 기여한 사람에게 주어지는 상이다.

노벨은 작은 진동이나 충격에도 쉽게 폭발하는 성질을 가지고 있어 위험성이 큰 액체 폭약을 보다 안전하게 사용하도록 고체 폭약인 다이너마이트를 발명하여 1867년에 특허를 얻었다. 노벨은 화약에만 머물지 않고 만년필, 축음기, 전화기, 백열등, 로켓, 인조 보석, 비행기 등 다양한 분야로 연구에 몰두하였다.

평생에 걸쳐 끊임없는 연구와 실험을 하여 무려 355개에 달하는 특허를 취득한 사람이다.

특히 그가 만든 다이너마이트는 새로운 문명을 건설해가는 어려운 공사에 사용하였으며, 다이너마이트를 비롯한 수백 개의 발명과 특허로 그는 유럽에서 제일가는 부자가 되었다.

여러 가지 연구에 의한 발명과 발견이 얼마나 소중한 것인지 노벨은 다음과 같은 유명한 말을 남겼다.

"1년에 1000개의 아이디어를 생각해내고 그 가운데 오직 하나만이 쓸모 있는 것으로 밝혀진다 하더라도 나는 만족할 수 있다."

이 말에서 노벨의 성실성은 물론 과학자로서의 도전과 집념을 엿볼 수 있다.

노벨의 유언에 따른 노벨상

발명과 특허는 부자가 되는 지름길인가?

그렇다, 발명과 발견을 통해 그것이 특허로 등록되면 개인적인 고유 권한이 인정되며 그 발명의 원리를 이용하여 경제적인 효과를 얻게 되면 큰 돈을 벌게 되고 부자가 될 수 있다.

이렇듯 노벨은 발명 특허를 통해 돈은 많이 벌었지만, 그 당시 사람들로부터 존경받는 인물은 아니었다. 왜냐하면 안전한 폭약을 위

노벨상 메달의 앞면과 뒷면

해 발명한 다이너마이트가 건설 현장에서만 사용되는 것이 아니라, 무기로 전쟁에 이용되어 많은 사람을 죽이는 데 사용하기도 한 것이다.

그의 형이 사망하였을 때 신문들은 노벨이 죽은 줄 알고서 "죽음의 상인, 사망하다", "사람을 더 많이, 더 빨리 죽이는 방법을 개발해 부자가 된 인물"이라고 폄하하는 기사가 실리기까지 했다. 평소에 평화에 대한 운동을 열심히 했던 노벨은 신문 기사에 충격을 받았다고 한다.

이렇게 많은 돈을 벌고 평화 운동을 열심히 하던 노벨은 1896년 12월 10일(숨을 거두기 1년 전)에 유명한 유언장을 남겼다.

"내 재산에서 생기는 이자로 해마다 물리학, 화학, 생리학 및 의학, 문학, 평화의 다섯 부문에 걸쳐 인류에게 공헌이 있는 사람에게 상을 주라."는 유언이다.

세계의 평화와 과학의 발달을 염원해오던 그의 유언에 따라 노벨의 재산은 스웨덴 과학 아카데미에 기부되었다.

이렇게 노벨상은 탄생되었으며 기부금으로 1901년부터 물리학, 화학, 생리·의학, 문학, 평화상 5개 부문에서 국적 및 성별에 관계없이 그 부문에서 뚜렷한 공로자에게 매년 수여되고 있다.

특히 제1회 수상자는 X선을 발견한 독일의 과학자 뢴트겐이 물리학상, 적십자사를 창립한 스위스의 앙리 뒤낭이 평화상을 수상하였다.

그후 스웨덴 중앙은행에서 노벨을 추모하기 위해 1968년 경제학상을 추가로 제정하여 같은 시기에 시상하므로, 지금은 노벨상이 총 6개 부문이라고 알려져 있다.

노벨상의 상금은 얼마나 될까?

노벨상 수상자는 얼마의 돈을 받는가?

매년 12월 10일에 스웨덴 스톡홀름(5개 부분 시상)과 노르웨이 오슬로(평화상)에서 시상식이 거행된다. 수상자에게는 지름 6.6cm, 두께 0.5cm, 무게는 평균 175g의 금으로 도금된 메달과 증서 그리고 상금이 주어진다. 상금은 원래 1000만 크로나(약 15억 원)였으나, 경기 침체와 유럽 경제 위기로 2012년부터 800만 크로나(약 12억 원)를 받는다. 혼자가 아닌 2~3인이 공동 수상하는 경우에는 균등하게 나눠 지급한다.

그렇다면 노벨상 메달의 가치는 얼마나 될까?

2013년에 미국에서 유전자DNA 이중 나선 구조를 공동 발견한 프랜시스 크릭의 노벨상 메달과 증서는 230만 달러(약 25억 원)에 팔리기도 했으며, DNA 이중 나선 구조로 공동 수상한 살아 있는 미국의 과학자 제임스 왓슨의 노벨상 메달도 미국에서 2014년에 53억 원에 팔렸다. 또한 남미의 한 전당포에서 발견된 1936년도 평화상 메달(아르헨티나 외무 장관이던 카를로스 사베드라 라마스가 받은 것)은 미국에서 116만 달러(약 13억 원)에 팔렸다.

금으로 만든 메달은 재료비만 약 700만 원 정도로 예상한다. 이처럼 순 재료만의 메달 가격도 비싸지만 세계에서 가장 유명한 과학자가 받는 '노벨상'이란 이름을 더해 가격을 매기면 원가보다 몇 백 배의 가치로 가격이 뛰어오른다.

이렇듯 경제적인 가치가 어마어마한 노벨상의 상금은 노벨이 남긴 유산을 기금으로 노벨 재단(약 20억 크로나: 약 3000억 원)이 1년 동안 운영한 이자 등의 수입에서 준다.

노벨상! 영광의 주인공들

전 세계적으로는 지금까지 노벨상 수상자가 6개 부문에서 총 967명(2016년 말)이고, 평생 한 번 수상하기도 어려운데 2번이나 받은 수상자도 4명이나 있다.

물리학상(1903년)과 화학상(1911년)을 받은 마리 퀴리(퀴리 부인), 화학상(1954년)과 평화상(1962년)을 받은 라이너스 폴링, 물리학상을 2번(1956년과 1972년) 받은 존 바딘, 화학상을 2번(1958년과 1980년) 받은 프레더릭 생어(3번의 수상도 손색이 없다는 과학자)가 영광의 주인공이다.

또한 부자, 부녀, 부부 등 한 가족이 받은 노벨상 가족의 경우도 있다. 마리 퀴리는 남편도 함께 물리학상을 수상하였고, 그의 딸 이레네 퀴리와 딸의 남편 졸리오는 화학상을 공동 수상하였다. 또한 윌리엄 로렌스 브래그(아들)와 아버지 윌리엄 헨리 브래그는 1915년 물리학상을 공동 수상하였다.

전자를 발견한 톰슨은 가스의 방전에 대한 이론적·실험적인 조사의 공적으로 1906년에 노벨 물리학상을 수상하였으며, 그의 아들인 조지 패짓 톰슨 역시 전자의 파동 성질을 증명함으로써 1937년에 노벨상을 수상하였다.

그리고 노벨상 수상자 중 최고령자는 87세에 생리 의학상을 받은 칼 폰 프릿쉬이며, 과학자로서 최연소자는 윌리엄 로렌스 브래그가 당시 25세에 물리학상을 받았다. 전체 노벨상 수상자 중에서 가장 최연소 수상자는 2014년에 평화상을 받은 파키스탄의 여성 운동가 말랄라 유사프자로 겨우 17세의 미성년자였다.

국가로는 미국이 가장 많이 수상하였으며, 우리나라는 노벨 평화상 1명(김대중 전 대통령, 2000년 수상)이고 과학상은 아직 없다. 이웃나라 일본은 2016년 12월 현재 과학상 총 21명(일본 국적이 아닌 일본 출생 포함), 문학상 2명, 평화상 1명이다.

우리나라는 언제 노벨 과학상 수상자가 나올까?

하루 빨리 나오기를 기대하며 누구든 꿈을 갖고 과학에 도전하는 사람이 그 수상자가 될 것임을 확신하고 있다.

과학자들의 특성 —
도전과 몰입 그리고 윤리성

어느 날 뉴턴은 저녁식사에 친구를 초대했다. 초대받은 친구는 7시까지 뉴턴의 집에 가기로 약속했다. 뉴턴은 초대한 친구에게 실수라도 할까봐 약속 시간 10분 전에 식사를 준비하고 기다리다가 5분 전이 되자 '아직 5분 남았군. 잠깐만 실험실에 갔다 와야지'라며 자리에서 일어났다. 친구는 7시에 도착하여 음식이 차려진 식탁 앞에 앉아 뉴턴을 기다렸으나 끝내 뉴턴은 나타나지 않았고, 친구는 기다리다 지쳐 혼자 밥만 먹고 돌아갔다. 친구가 돌아간 뒤에 나타난 뉴턴은 식탁을 보며 이렇게 말했다.

"아! 이놈의 정신머리 좀 봐. 빈 접시를 보니 내가 식사를 했나보군, 그것도 모르고 또 식탁에 앉았네." 하면서 식탁을 치웠다는 일화가 있다.(김용욱,『몰입의 법칙』)

뉴턴은 몰입의 선구자였다.

창조에 끝없이 도전하는 과학자들

인류사에 빛난 과학자들을 살펴보면 크게 3가지 특성을 갖고 창의성을 발휘한 것으로 파악된다.

첫째는 몰입이다. 몰입의 사전적 정의는 "깊이 파고들거나 빠짐"이다. 과학자들은 이러한 몰입을 즐기면서 행복을 느끼고 창조적인 능력을 발휘했다고 할 수 있다.

미국의 심리학자 칙센트 미하이는, "여러 사람을 인터뷰해본 결과 가장 행복했던 순간에 대해 물어보면 대부분 무언가에 몰입을 하고 있던 순간이었다."라고 말한다는 사실을 연구에서 밝혔다. 그리고 그는 몰입이란 "마치 물이 흐르는 것처럼 자연스럽게 시간과 대상의 흐름에 동화되고 일치되어 지금 하는 일에 푹 빠져 있는 상태"라고 정의하면서 몰입이야말로 개인의 천재성을 일깨워주는 열쇠라고 말하였다.

"호랑이에게 물려가도 정신만 차리면 산다."는 속담은 몰입을 통해 놀라운 힘을 발휘하게 되는 상황을 단적으로 표현한 것이라고 할 수 있다.

평생 배움의 연속인 모든 사람들도 과학자들이 가졌던 몰입의 상태를 배우면서 자신이 하고 있는 일에 대하여 희열을 느끼고 창의성을 끄집어낼 필요가 있다.

둘째는 도전이다. 초 · 중 · 고등학교 과학 교과서에 한 줄로 표기되어 있는 단순한 법칙들이라 해도 수십 · 수백 년 전부터 많은 과학자들의 도전과 노력으로 발전되어온 과학 지식이다.

우리가 알고 있는 과학 지식은 어느 한 사람에게서 비롯된 자연 현상에 대한 질문을 시작으로 그 질문에 대한 가설이 세워지고, 그 가설을 확인하는 실험을 통하여 점점 발전되어 법칙이 만들어지고 확고한 과학 지식으로 일반화되어왔다. 알지 못하는 것에 대한 끊임없는 질문과 더 나은 미래를 위한 과학자들의 도전은 과학 기술의 진보를 가져왔고 현재의 세상을 탄생시켰으며 미래를 꿈꾸게 하고 있다.

과학자들에게 있어서 지적 호기심에 대한 추구는 인간의 본능과도 같은 것이다.

16세기의 과학자 갈릴레이는 당시에 모든 사람들이 마찰과 공기가 있는 현실에 속박되어 있을 때 과감히 공기와 마찰이 없는 세상을 상상하고서 같은 높이에서 떨어뜨린 무거운 물체와 가벼운 물체는 동시에 바닥에 낙하한다는 새로운 생각을 하게 되었다. 아인슈타인은 빛의 속력보다 상당히 느린 운동에 속박되어 있는 현실에서 벗어나 광속에 가까운 운동을 상상하고서 이러한 세계에서는 길이가 수축되고 시간이 천천히 흐르는 것을 경험할 수 있었다. 또한 아무도 원자 속을 들어가 보지 못하였을 때 과학자 러더퍼드는 원자 속에 원자핵이 있음을 찾아냈다.

과학자들이야말로 끝없이 도전하는 모험가이다. 우리가 살고 있는 지구라는 공간에 국한하지 않고 달을 정복하였을 뿐 아니라, 화성을 비롯해 태양계 전체를 탐사하려는 계획을 세우고 있다. 보이저 1호는 이미 2013년 8월에 태양계를 벗어나 다른 우주를 향해 여행을 계속하고 있다.(NASA 발표)

망원경으로 보다가 무인 우주선으로 가본다. 그 다음에 사람이 직접 가보는 것이다. 아주 먼 곳과 아주 작은 곳, 그리고 상상을 초월하는 고온의 물체 속에도 들어가보려고 한다.

과학자들의 지적인 호기심은 고고학을 공부하는 역사학자들이 찾아가는 그런 짧은 수준의 과거가 아니다. 우주가 생성되던 아주 먼 과거, 약 138억 년 전 쯤 우주가 처음에 생겨나면서 3분 동안 폭발한 빅뱅에는 어떤 기본 입자나 물질이 존재하였는지 알고 싶어한다. 또한 영원한 미래에도 가보고 싶어한다. 태양이 팽창하여 지구를 포함한 태양계 전체를 삼켜버리고 다시 수축하여 한 점에 모이는 미래! 바로 블랙홀의 비밀을 알고 싶어한다.

과학자들! 그들은 보아도 보아도 만족하지 않고 더욱 보고 싶어하며, 알아도 알아도 더 궁금해한다. 끝없는 도전은 인류의 문화를 꽃피우는 원동력이다.(권재술)

셋째는 과학자의 윤리성이다.

일본의 30세 여성 과학자 하루코 오보카타Haruko Obokata 박사가 발견한 STAP(자극 야기 다능성 획득) 만능 세포가 심각한 조작 논란에 휩싸인 적이 있다. 신경, 근육, 장 등 어떤 조직으로도 변할 수 있으며 동물의 몸에서 떼어낸 기존 세포를 약산성 용액에 잠시 담그는

과학자들의 도전과 몰입 그리고 윤리

자극만으로 간단하게 만들 수 있는 것으로 알려진 논문은 기존의 다른 줄기 세포와는 다르게 암 발생 우려도, 윤리 문제도 발생하지 않아 과학계에서 커다란 파란을 일으키며 2014년 2월에 과학 잡지 『네이처』에 실렸다. 지금까지의 연구를 모두 무용지물로 만드는 기적같은 논문이었다.

그러나 논문 작성 과정에서 중대한 오류가 발견되고 데이터의 일부를 조작한 것으로 연구자들이 실토하므로 조사 끝에 2014년 7월 2일 논문 2편을 공식 철회했다. 그가 속해 있던 이화학 연구소는 보고서에서 "STAP 세포는 존재하지 않는다."며 '제3의 만능 세포'가 없다는 사실을 명시했다.

결국 2014년 12월 오보카타 박사는 이화학 연구소에서 파면되었으며, 박사 학위 논문도 날조된 것으로 밝혀져 와세다대학이 박사 학위를 철회한 것으로 알려졌다.

우리나라에서도 예전에 줄기 세포 논문 조작으로 한창 시끄러웠으며, 논문에 참여했던 많은 과학자들이 자신이 쌓아올렸던 명성과 연구 실적들을 하루아침에 무너뜨리는 일이 있었다.

과학은 실험과 관찰을 통해 나타난 사실을 바탕으로 하는 학문이기 때문에 데이터를 조작하는 것은 과학의 본질을 훼손하는 매우 심각한 일이다.

이렇듯 과학자는 몰입을 통해 창의성을 발휘하고, 상상 속이나 실험실 속 세상에서 말로 표현하기 어려운 힘든 도전으로 얻어낸 자료를 있는 그대로 밝히는 윤리성을 바탕으로 오늘날의 과학 기술 사회를 탄생시키고, 미래를 가능하게 하고 있다.

과학은 완성된 진리가 아니라 계속 창조를 기다리는 불완전한 하나의 아이디어이다. 그러므로 호모 사이언스! 우리 모두는 과학하는 인간으로서 지적인 호기심을 만족시키려는 도전과 몰입 그리고 윤리를 인생의 동반자로 삼아야 할 것이다.

과학의 씨앗은
무엇일까?

어느 가수가 부른 노래 가사에 '사랑은 눈물의 씨앗'이라는 말이 있다. 사랑의 종류에 따라 다르게 생각할 수 있지만, 연인과의 사랑은 행복이기도 하고 눈물을 흘리는 일도 많기 때문에 절절하고 가슴 아픈 사랑을 노래로 표현한 듯하다.

이런 노래 가사 말처럼 과학에 눈을 돌려 '과학의 씨앗은 무엇일까?'를 생각해보자.

이것은 왜 이렇지? 하고서 자연 현상에 대한 호기심에서 출발하여 자연의 원리나 법칙을 찾아내고 해석하여 일정한 지식 체계를 만드는 활동을 과학이라 하며 과학은 탐구를 통해 이루어진다.

그렇다면 탐구는 과학의 씨앗이다.

관찰은 의문의 씨앗이며, 의문은 탐구의 씨앗이고, 탐구는 과학의 씨앗인 것이다.

뉴턴을 비롯한 수많은 과학자들은 관찰을 통해 호기심을 끄집어 내고 그 호기심, 즉 '왜 그럴까?' 하는 의문을 해결하기 위해 이론적 이면서도 실험적인 과학 탐구 활동을 통해 결국 과학의 법칙을 만들어냈다.

과학적인 활동은 탐구 과정과 과학의 산물이라는 두 가지 요소로 나누어 생각할 수 있다.

과학자들은 일반적으로 문제 인식 – 가설 설정 – 탐구 설계 및 수행 – 자료 해석 – 결론 도출의 단계적인 탐구 과정을 통해 이론과 과학의 법칙을 만들어낸다. 물론 탐구 과정이 위의 방법만 있는 것은 아니다. 과학자들은 상황에 따라 다양한 과학 탐구 과정과 방법을 통하여 문제를 해결해나간다.

과학의 산물

과학의 산물은 사물과 지식 그리고 태도로 구분한다.

여기서 사물은 가장 두드러진 과학의 산물이며 과학적 사고와 이론, 기술자와 발명가에 의해 고안된 과학 기술적 응용 사이의 상호 작용 결과로서 제트기, 행성 탐사 로켓, 휴대폰, 컴퓨터 등이 이에 속한다.

지식은 사실, 개념, 원리, 법칙, 이론을 포함한다. 이 중에서 사실이

퀴리 부인의 탐구 실험

라 함은 단순히 알려진 하나의 정보로서 구체적이고 관찰 가능한 것을 말한다. 예컨대 지구는 자전축을 중심으로 24시간마다 한 번씩 자전한다. 녹색 식물 잎의 세포에는 엽록소가 있다. 또는 물 분자는 수소와 산소 원자로 구성되어 있다 등이 사실이라고 할 수 있다.

그리고 개념이란 몇 개의 사실이나 관찰 결과를 함께 묶은 생각을 말한다. 녹색 식물은 빛을 향해 굽는다, 흐르는 물은 골짜기를 침식시키며 흐른다, 달의 영향으로 밀물과 썰물이 생긴다, 빛은 울퉁불퉁한 곳에서는 난반사를 한다 등등이 개념이라 할 수 있다.

다음으로 원리는 여러 개의 유사한 개념들이 서로 연결된 포괄적인 생각을 말한다. 예를 들면 행성·혜성·소행성은 태양 주위를 타원 궤도로 공전한다. 식물이 살아가는 데는 영양분·빛·물이 필요하다, 생물은 종을 유지하기 위해서 번식해야 한다는 등이 이에 속한다.

또한 법칙이란 무엇인가? 논박의 여지가 없이 진실로 여겨지는 이론을 법칙이라 한다. 만유인력의 법칙, 질량 보존의 법칙, 에너지 보존의 법칙, 전자기 유도 법칙, 보일-샤를의 법칙 등 교과서에서 배우는 각종 과학의 법칙이 이에 속한다.

마지막으로 이론이란 무엇일까? 이론은 결코 사실이나 법칙이 될 수는 없으나 반증되거나 개정될 때까지 잠정적인 상태로 존재한다. 예를 들면 아인슈타인의 일반 상대성 이론, 진화론, 판 구조론, 분자 운동론 등이다. 즉 확실하게 증명되진 않았지만, 맞는 것으로 보이는 일반화된 내용을 말한다.(김찬종 외, 『과학 교육학 개론』)

그러나 이러한 과정을 거쳐 확고하게 굳어진 것처럼 보이는 법칙이나 이론이라 해도 대부분의 과학자들은 법칙을 절대적 진리로 받아들이는 데 주저하고 있다. 과학은 불완전한 하나의 아이디어로서 계속 도전받아 새로운 것으로 뒤바뀔 가능성을 갖고 있기 때문이다.

과학하는 태도

한편 과학적인 태도는 과학을 하고 학습하기 위한 원동력이다. 일반적으로 호기심을 갖거나 개방적이며, 협동심을 발휘하고, 실패에 대하여 긍정적으로 수용하는 등의 태도는 과학을 함에 있어서 매우 중요하다.

주변의 자연 현상에 대해 흥미를 가지고 관찰, 탐구하여 바람직한 결론을 도출하면서 갖고 있는 과학에 대한 긍정적인 태도가 삶에 영향을 미치게 된다.

더욱이 한번 도전하여 넘어져도 다시 일어서는 오뚝이 정신은 과학을 하는 사람들이 갖는 가장 위대한 태도이며 결국 인류를 위한 산출물이 그로 인해 만들어지는 것이다.

오늘날 우리가 당연하게 받아들이는 많은 단순 지식이 실제로는 과학자들의 혁신적 사고와 수많은 실험, 대담한 추측, 그리고 심각한 논쟁을 통하여 비로소 얻어진 것이다.

인류를 위한 과학적인 지식이 얼마나 귀중한지를 느낄 때 과학이 아름다워 보이고 또한 재창조를 할 수 있다.

목욕탕 물이 넘치는 것을 처음 본 사람은 아르키메데스가 아니며, 사과가 떨어지는 것을 처음 본 사람은 뉴턴이 아니다. 물론 주전자의 증기를 와트가 처음 본 것도 아니다.

어떤 현상에 대한 의미나 숨어 있는 사실을 정확하고, 심층적으로 간파할 수 있는 능력이야말로 과학자들의 과학적인 태도에서 나오는 것이다.

특히 과학자들은 수많은 상상과 실험을 통해 사실을 파악한다. 이때 올바른 실험의 과정이 중요하고 실험의 결과에 대한 바른 해석 또한 더욱 중요하다.

예컨대 어떤 과학자가 거미에 관한 실험을 했다. 그는 거미를 책상 위에 올려놓고 사람들이 보는 앞에서 소리쳤다.

"뛰어! 뛰어!"

그랬더니 거미가 뛰기 시작했다.

그리고 그는 거미의 다리를 부러뜨리며 소리쳤다. "뛰어! 뛰어!" 그러나 다리가 부러진 거미는 꼼짝하지 않았다.

실험이 끝나고 나서, 그 과학자는 실험의 결론을 발표했다.

"거미의 귀는 다리에 있다."

만약 이렇게 실험의 과정에 오류가 있고 결과를 잘못 해석하여 결론을 내릴 경우에 만들어지는 지식이야말로 엉터리 지식이다. 자신의 고정 관념에 사로잡힌 과학자가 스스로의 생각에 맞춰서만 해석하는 오류를 범한 내용이기 때문이다.

그러나 많은 과학 지식은 과학자들만이 갖고 있는 올바른 과학적 태도를 통해 심각한 논쟁으로 걸러지고 실험과 실험으로 재확인되어 비로소 이론이나 법칙으로 탄생한다.

풍부한 과학문화적 자극

　4월은 과학의 달이며, 4월 21일은 과학의 날(2017년은 제50회 과학의 날)이다. 학교에서나 과학관에서 또는 여러 청소년 문화관에서 다양하고 풍성한 과학 행사가 열린다. 가족과 함께 도전하는 과학 게임에 참여해보고, 간단하게 만들어보는 체험을 통해 과학의 원리를 깨닫고, 매직 사이언스 쇼에 참여하여 신비한 과학에 눈 떠보는 것, 그리고 노벨상 수상자가 초청되어 과학 강연을 한다면 절대로 놓치지 말자.

　학생들이나 학부모 모두가 풍부한 과학 문화적 자극에 접해보는 것은 마음속에 잠재되어 있는 자신의 아주 특별한 영재성을 일깨우고, 과학의 씨앗을 싹틔우는 것이다. 온갖 화려한 꽃들과 생동하는 봄! 그 속엔 4월이 있고, 과학이 있다.

　과학의 탐구!

　꼭 그러하지는 않지만 그냥 목적 없이도 과학은 즐길 수 있다. 과학은 문화이고 예술이고, 철학이며 일상생활이기 때문이다. 과학에 흠뻑 빠져보자.